安徽省中等职业学校对口招生考试技能测试
暨技能竞赛推荐教材

种植及养殖技能实训

主　编　韩　光
副主编　李雅丽　樊俊涛　董生泉　姜　河
编写人员　韩　光　李雅丽　樊俊涛　董生泉
姜　河　邓　瑞　林　源　徐　磊
陈　玉　户俊芳　刘士良　段国民
王秀丽　宋有声　王婷婷　凡利平

中国科学技术大学出版社

内 容 简 介

本书主要介绍了安徽省中等职业学校农林牧渔类种植、养殖专业对口升学考试技能测试项目暨技能竞赛项目的实训技能，具体内容包括托盘天平的使用、显微镜的使用等通用技能实训以及种植、养殖类专业的部分专业技能实训。

本书既可作为学生参加对口招生考试技能测试的教学指导书，也可作为学生参加省、市级技能竞赛的实训教学指导书，同时也可以供种植、养殖爱好者参考。

图书在版编目(CIP)数据

种植及养殖技能实训/韩光主编. —合肥：中国科学技术大学出版社，2017.3（2017.10重印）

ISBN 978-7-312-04142-6

Ⅰ.种… Ⅱ.韩… Ⅲ.①种植—技术培训②养殖—技术培训 Ⅳ.①S359②S96

中国版本图书馆CIP数据核字(2017)第022526号

出版 中国科学技术大学出版社
安徽省合肥市金寨路96号，230026
http://press.ustc.edu.cn
https://zgkxjsdxcbs.tmall.com

印刷 合肥华苑印刷包装有限公司

发行 中国科学技术大学出版社

经销 全国新华书店

开本 710 mm×1000 mm 1/16

印张 11.75

字数 217千

版次 2017年3月第1版

印次 2017年10月第2次印刷

定价 36.00元

前　言

本书是阜阳市市级教育科研课题“中职农林牧渔类种植、养殖专业实训课校本教材开发研究”的成果。为贯彻落实阜阳市医药科技工程学校“文化课做‘实’、专业课做‘精’、实训课做‘品’、校本课做‘特’”的办学特色，根据中等职业学校相关专业的教学大纲、考试大纲及省、市级技能竞赛的要求，结合教师的教学和学生的学习实际，我们组织一批具有丰富的教学经验和实践经验的专业课教师共同编写了这本中职农林牧渔类种植、养殖专业实习实训课校本教材，以做到老师上课有依据，学生学习有指导，从而为全面提高农林牧渔类专业实训课的教学质量和学生的实践操作能力服务。

本书编写分工如下：在通用类技能训练中，托盘天平的结构与使用由姜河、王秀丽老师编写；显微镜的结构与使用、洋葱表皮细胞临时装片的制作与观察由林源、姜河老师编写；显微镜油镜的使用由姜河老师编写；一定物质的量浓度溶液的配制由王秀丽、姜河老师编写；常见消毒液的配制由段国民老师编写。在种植类专业技能训练中，快速测定种子的生命力由王婷婷老师编写；识别昆虫由宋有声老师编写；识别常见的植物病害由户俊芳老师编写；果蔬嫁接由姜河老师编写；种子质量检测由姜河老师编写。在养殖类专业技能训练中，血涂片的制作由陈玉老师编写；鸡的解剖与内脏器官的识别、鸡的病理剖检及镜检由邓瑞、凡利平老师编写；识别饲料原料由徐磊、姜河老师编写；动物体温的测定，牛前、后肢骨骼和关节识别由刘士良老师编写。书中部分插图由刘士良老师绘制。本书由姜河统稿，韩光、樊俊涛、李雅丽负责审稿。

由于编写时间比较仓促，加之编者水平有限，书中的疏漏之处在所难免，敬请广大师生及读者朋友指正。

编　者

2017年1月

目　录

第一章　通用技能训练

实训一　托盘天平的结构与使用

一、实训目的

（1）了解托盘天平的结构，理解其测量原理。

（2）学会托盘天平的使用方法，明确使用注意事项，能熟练使用托盘天平按照需要称取物品。

二、实训仪器及材料

托盘天平（带砝码），自己准备一些小物品作为待测物品。

1. 托盘天平的结构

托盘天平是一种实验实训室常用的用于称量物质质量的仪器，由托盘、横梁、平衡螺母、刻度尺、刻度盘、指针、刀口、底座、标尺、游码、砝码等组成。它一般只能用于粗略的称量，精确度一般为 0.1 g 或 0.2 g。砝码有 100 g、200 g、500 g、1 000 g 等不同的荷载规格。使用时，可根据需要选用不同规格的天平。托盘天平的结构部件及作用如图 1.1 所示。

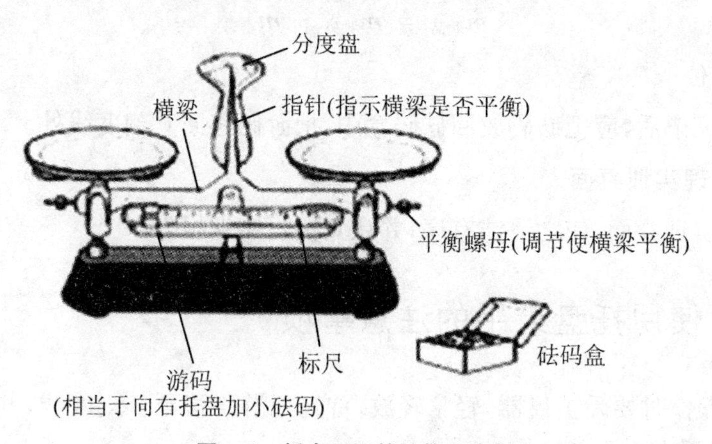

图 1.1　托盘天平的结构示意图

2. 托盘天平的工作原理

从本质上说，托盘天平就是一个等臂杠杆，遵从杠杆原理。

三、操作步骤

1. 准备

称量前，先把托盘天平放置在水平的地方，把游码放在标尺的 0 刻度线处。观察天平是否平衡。平衡的标准是托盘天平的指针对准分度盘的中央刻度线。如果天平没有平衡，则进行下一步——调节。

2. 调节

调节托盘天平的平衡螺母(天平两端的螺母)，直至指针对准分度盘的中央刻度线(游码必须归 0，平衡螺母向相反方向调节，使用口诀：左端高，向左调)。这时天平已经平衡。

3. 称量

将待测物品放在天平的左托盘上，砝码放在天平的右托盘上。砝码用镊子夹取，先加质量大的砝码，再加质量小的砝码。然后移动游码，直到天平平衡为止。最后，记录砝码和游码的质量。

4. 计算

待测物品的质量等于砝码的总质量加上游码在标尺上所对应的刻度值，即：

$$m_{物品} = m_{砝码} + m_{游码}$$

5. 归位

称量完毕后，应把砝码放回砝码盒中，把游码移回 0 刻度线处。

6. 清理实训桌面

清理实训桌面，使之清洁有序，并认真撰写实训报告。

四、使用托盘天平的注意事项

(1) 操作时要爱护仪器，轻拿轻放，首先把游码移至 0 刻度线，并调节平衡螺母，使天平左右平衡。

(2) 托盘天平的左盘放置待测物体，右盘放置砝码。

(3) 在实训操作过程中，砝码要用镊子夹取，不能直接用手拿，使用时要轻放轻拿，千万不能把砝码弄湿、弄脏(这样会让砝码生锈，导致砝码质量变大，从而使测量结果不准确)。在使用托盘天平时，游码要用镊子轻轻拨动，不能用手移动。

(4) 添加砝码时应该按照从质量大的到质量小的顺序添加，这样可以节省时间。

(5) 在称量过程中，应该注意不可再碰平衡螺母。

(6) 添加砝码从估计待测物品的最大值加起，逐步减小。托盘天平只能称准到0.1 g或0.2 g。加减砝码并移动标尺上的游码，直至指针再次对准中央刻度线。

(7) 取用砝码必须用镊子，取下的砝码应放在砝码盒中，称量完毕，必须把游码移回0点。

(8) 过冷过热的物体不可直接放在天平上称量。应先在干燥器内放置至室温后再进行称量操作。

(9) 称量干燥的固体药品时，应在两个托盘上各放一张相同质量的纸，然后把药品放在纸上称量。

(10) 易潮解的药品，必须放在玻璃器皿中(如:小烧杯、表面皿)称量。

(11) 使用完毕后，将实验仪器放回到固定位，并清理实训室台，使之保持清洁。

五、实训作业

1. 实操训练

用托盘天平称量你的学习用品，如水笔、铅笔、橡皮等的质量，并填写实训报告。

2. 趣味思考题

某同学在使用托盘天平时，不小心将砝码与要称重的物体放反了，而且又使用了游码，那么该同学所称物体的质量比其实际质量大还是小？应该怎么计算？

实训二　显微镜的结构与使用①

普通光学显微镜(以下简称显微镜)是用来观察肉眼看不见的微小生物结构的精密仪器。虽然目前有了更为先进的电子显微镜,但在一般性的科学研究和教学中,显微镜仍是较为重要且精密的生物观察仪器。为了正确操作、妥善保管和维护显微镜,延长其使用年限,我们有必要了解显微镜的结构和功能。本次实训,我们将解决这个问题。

一、实训目的

(1) 了解一般光学显微镜的主要结构和功能。
(2) 掌握显微镜的使用方法,学会规范的操作方法。

二、实训用品

光学显微镜、装片、擦镜纸等。

三、实训内容

(一) 显微镜的结构

显微镜由机械系统和光学系统两大部分组成,其结构如图 1.2 所示。

1. 机械系统

(1) 镜座。呈马蹄形或方形,起支撑和稳定作用。

(2) 镜柱。镜座上面的直立部分,与镜臂相连。

(3) 镜臂。镜柱上方的弓状部分,其上下两端分别连有镜筒和载物台,镜臂和镜柱之间有可以活动的关节。

---

① 对口招生考试技能测试项目。

(4) 镜筒。连在镜臂上的金属圆筒,上端放置目镜,下端连接物镜转换器。

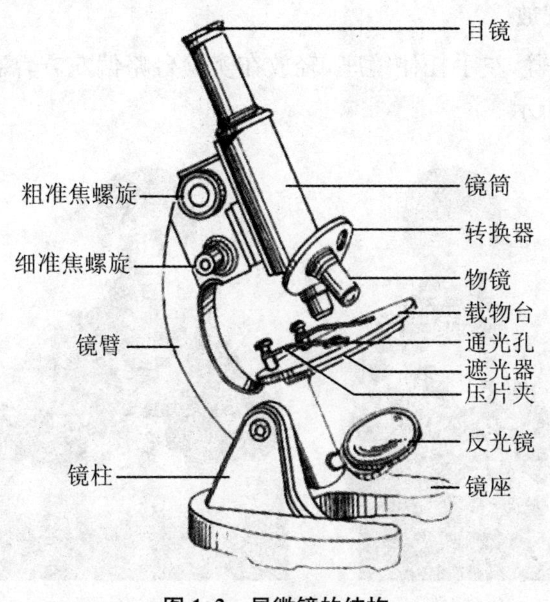

图 1.2 显微镜的结构

(5) 转换器。位于镜筒下端的凸形圆盘,可旋转,其上有 1～4 个物镜孔,一般安装有 2～3 个物镜。

(6) 载物台。放置标本的平台,中央有一通光孔,其上有标本压片夹或标本推动器。

(7) 调焦螺旋。位于镜筒后方,用于调节焦距。分粗准焦螺旋和细准焦螺旋两种。将粗准焦螺旋逆时针或顺时针旋转一圈,镜筒上升或下降 1 cm;将细准焦螺旋逆时针或顺时针旋转一圈,镜筒上升或下降 0.1 cm。

2. 光学系统

(1) 目镜。位于镜筒上端,其上标有放大倍数,如 5×、10×、15×等。

(2) 物镜。安装在物镜转换器上,各个物镜上都标有放大倍数。标有 5×、10×、20×的为低倍镜,标有 40×的为高倍镜,标有 100×的为油镜。

显微镜物像的放大倍数＝目镜放大倍数×物镜放大倍数

(3) 遮光器。位于载物台下方,其上有大小不等的圆孔,叫作光圈,可调节光线强弱。

(4) 反光镜。位于镜柱的前方,有平、凹两面,可以转动,使光线反射入遮光器。平面镜聚光作用弱,适合光线较强及低倍镜时使用;凹面镜聚光作用强,适合光线较弱及高倍镜时使用。

(二)普通光学显微镜的使用方法

1. 取镜与安放

右手握住镜臂,左手托住镜座,轻放在实验台略偏左方,离桌边约6~10 cm为宜,如图1.3所示。

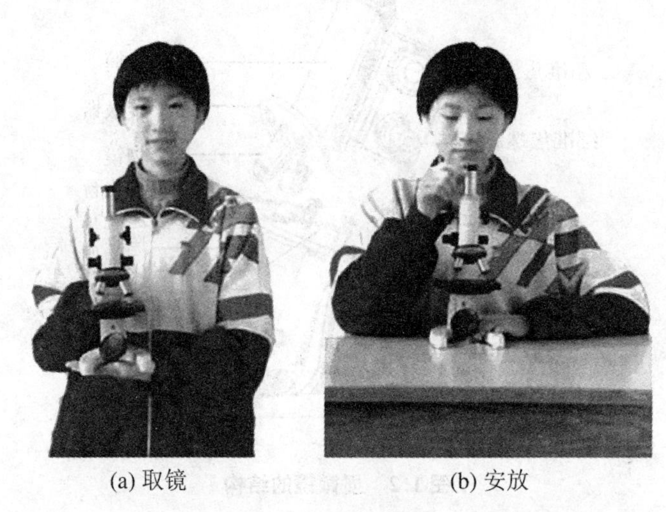

(a) 取镜　　(b) 安放

图1.3　取镜与安放

2. 对光

(1) 转动粗准焦螺旋,略升高镜筒,转动转换器,使低倍镜对准通光孔。

(2) 选一较大的光圈对准通光孔,左眼注视目镜,转动反光镜,使光线通过通光孔反射到镜筒内,通过目镜可以看到白亮的视野。

3. 置片

把玻片标本放置在载物台上(有盖玻片的一面朝上),用压片夹固定,移动载物台,使标本对准通光孔。

4. 低倍镜观察

(1) 顺时针转动粗准焦螺旋,使镜筒缓缓下降,直到物镜距玻片标本约0.5 cm时停止(此时实验者的眼睛应当注视物镜镜头与标本,以免物镜与标本相撞)。

(2) 左眼观察目镜,同时按逆时针方向缓缓转动粗准焦螺旋,使镜筒上升,直到看到物像为止,再转动细准焦螺旋,使视野中的物像更加清晰。

5. 高倍镜观察

(1) 在低倍镜中看到清晰物像之后,移动玻片,将要观察的部分移到视野中央。

(2) 转动转换器,换上高倍镜。

(3) 左眼观察目镜,缓缓转动细准焦螺旋(禁止使用粗准焦螺旋,以免损伤镜头和压坏玻片),直至物像清晰为止。调节光圈,使视野亮度适宜。

需要更换标本时,先转开物镜,升高镜筒,再更换玻片标本,然后按照从低倍镜到高倍镜的顺序重新调节。

(三) 整理

实验完毕,把显微镜的外表擦拭干净。转动转换器,将物镜旋转开,使其不正对通光孔,再缓缓下降镜筒,使物镜接近载物台,将反光镜立起,以减少尘土落入。盖上防尘罩,放入镜箱。

(四) 注意事项

(1) 必须熟练掌握和严格执行显微镜的使用规程。

(2) 取送显微镜时,一定要一只手握住镜臂,另一只手托住镜座。要轻拿轻放,切勿斜提和前后摆动,以免目镜从镜筒上端滑出。

(3) 检查各部分是否完好无损,如有损坏应该立即报告老师。显微镜的各光学系统,如有不洁,只能用特殊的擦镜纸擦拭,严禁使用其他纸张与手帕擦拭,更不能用手指触摸透镜,以免汗液污染透镜。

(4) 不要随便取出目镜,以免落入灰尘。

(5) 放置装片时,应将有盖玻片的一面向上,否则会压坏标本或损坏物镜。

(6) 观察时,不要随意移动显微镜的位置。

(7) 观察时双眼都要睁开,左眼观察,左手调节,右眼与右手用于绘图和调整标本。

(8) 转换物镜镜头时,不要搬动镜头,只能转动转换器。

(9) 切勿随意转动调焦螺旋,使用细准焦螺旋时,用力要轻,转动要慢,转不动时不要硬转。

(10) 不得随意拆卸显微镜上的零件,严禁随意拆卸物镜镜头,以免损伤转换器螺口。螺口松动将导致低、高倍物镜转换时不齐焦。

(11) 在使用高倍物镜时,不要用粗准焦螺旋调节焦距,以免移动距离过大,损坏物镜和切片。

(12) 保持显微镜干燥。

(13) 保持显微镜的清洁,防止灰尘、水、乙醇及腐蚀性药品等污染显微镜。

(14) 用毕送还前,必须检查物镜镜头上是否沾有水或者其他试剂,如有,则要擦拭干净,并且要将载物台擦拭干净,然后将显微镜放入镜箱内,并注意锁箱。

四、实训作业

(1) 使用显微镜观察固定装片并在实训报告中绘图。

(2) 图 1.4 是显微镜的结构示意图,请看图回答问题。

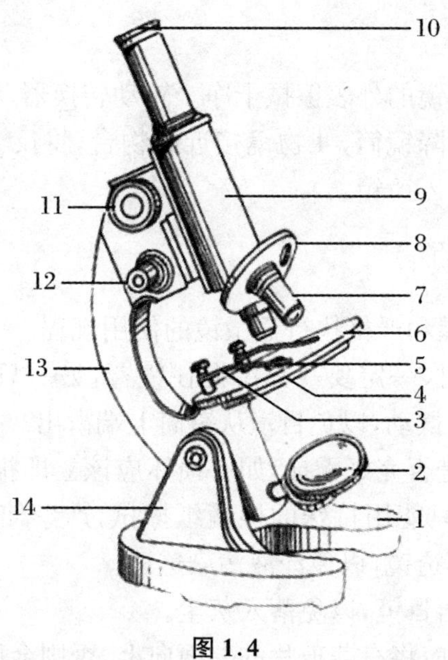

图 1.4

① 填写出显微镜各部分的名称:

1. ______ 2. ______ 3. ______ 4. ______ 5. ______ 6. ______
7. ______ 8. ______ 9. ______ 10. ______ 11. ______ 12. ______
13. ______ 14. ______

② 显微镜的机械部分包括______,光学部分包括______。

③ 由低倍镜转换为高倍镜时应注意什么?

④ 如何计算显微镜的放大倍数?

实训三　洋葱表皮细胞临时装片的制作和观察[①]

一、实训目的

(1) 掌握洋葱表皮细胞临时装片的制作技能。

(2) 掌握并练习边通过显微镜观察边绘图的技能。

二、实训材料及用具

(1) 光学显微镜、载玻片、盖玻片、尖头镊子、洁净纱布、胶头滴管、吸水纸、擦镜纸、铅笔(2H、HB 各一支)、绘图橡皮、直尺、绘图纸。

(2) 2%碘液、洋葱。

三、实训内容

(一) 临时装片制作

1. 准备

取出载玻片和盖玻片,用洁净的纱布将其擦拭干净,并用胶头滴管在载玻片中央部位滴 1～2 滴清水。

2. 取材

选取洋葱头中间肥大的鳞片叶,用刀在鳞片叶上纵横切划数刀,切划成边长约 0.5 cm 的正方形。用镊子夹住切断部分的薄膜,撕下一层。如图 1.5 所示。

3. 展平

将撕取的洋葱鳞片叶表皮迅速放在载玻片的水滴中,表皮接触叶肉的一面向上,用镊子或解剖针把材料展平,轻轻压一下,排出表皮下的气泡。如图 1.6 所示。

---

① 对口招生考试技能测试项目。

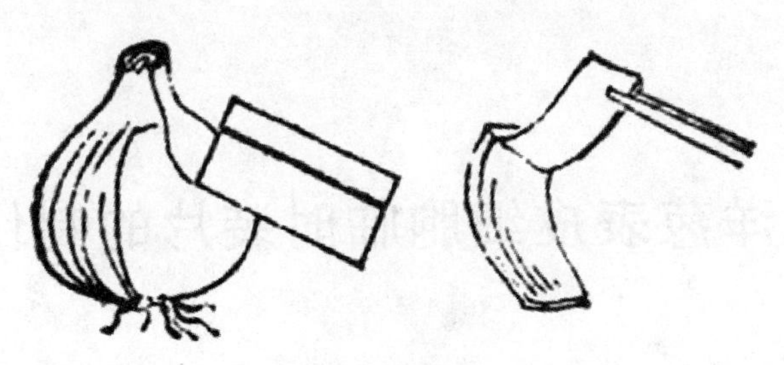

图 1.5 取材

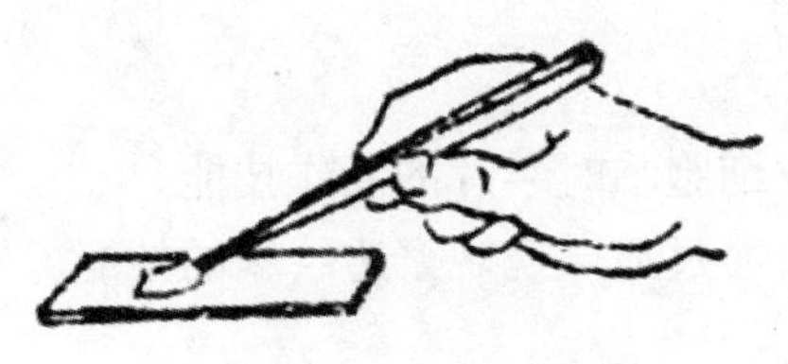

图 1.6 展平

4. 盖片

用镊子夹起盖玻片右侧，使其左侧边缘与载玻片上的液体边缘相接触，然后慢慢盖下，以免产生气泡。

5. 染色

在盖玻片的一侧滴一滴稀碘液，在另一侧用吸水纸吸引，使碘液浸润整个标本，可重复 2～3 次。如图 1.7 所示。

图 1.7 染色

（二）观察并绘图

将制作好的洋葱表皮细胞临时装片放在显微镜的载物台上，先用低倍镜进行观察，看到清晰的物像后，再换用高倍镜观察。边观察边绘图。

1. 绘图步骤与要求

(1) 图的大小要合适，图的位置在纸张上应稍偏左上方，以便在图的右侧和下方留出写注释和图名的地方。

(2) 用铅笔轻轻地画出所看到的物像的轮廓，之后再修改，最后定稿。

(3) 图中较暗的地方，用铅笔点上细点来表示，越暗的地方细点越多，不能以涂阴影的方式来表示暗处。

(4) 字尽量注在图的右侧，用直尺引出水平指示线，然后注释。

(5) 在图的下方写上所画图形的名称，如图 1.8 所示。

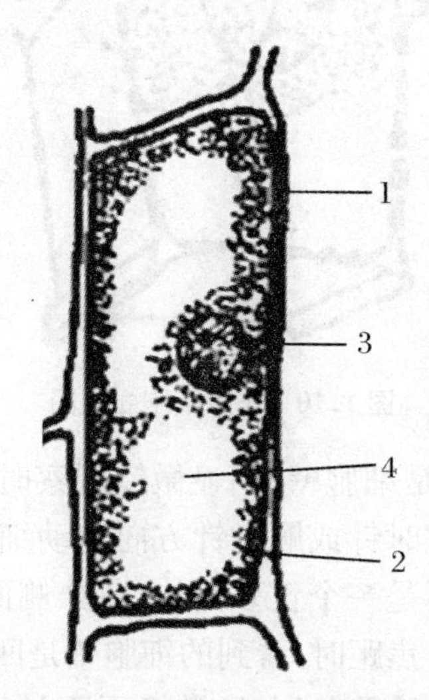

1. 细胞壁　2. 细胞质　3. 细胞核　4. 液泡

图 1.8　洋葱表皮细胞结构示意图

(三) 知识拓展

(1) 观察表皮细胞的形状和排列方式。洋葱表皮细胞的体积约是 300～600 μm(长)×60 μm(宽)×50 μm(厚)，在低倍镜下能看清楚，如图 1.9、图 1.10 所示。

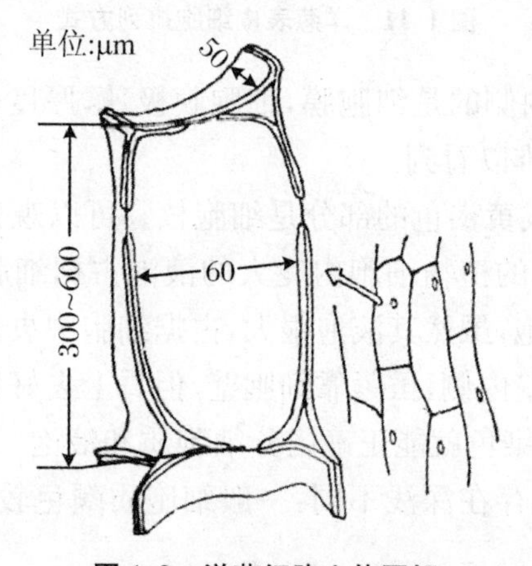

图 1.9　洋葱细胞立体图解

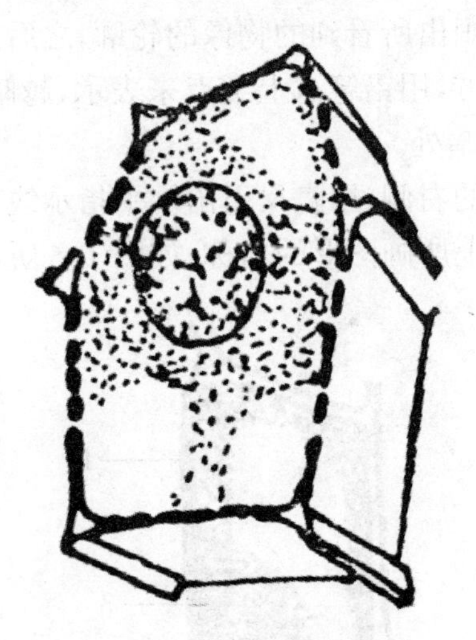

图 1.10　洋葱细胞立体图

(2) 构成细胞外围的是细胞壁,用显微镜观察时,如果我们盯住一个轮廓清晰的细胞,试着稍微按逆时针或顺时针方向转动细准焦螺旋,细胞壁似乎会扭曲变形,这是因为细胞不是一个正多面体,各个侧面的外围细胞壁不与透镜镜面垂直,所以在上下调节焦距时,看到的细胞壁是凹凸扭曲的。

(3) 洋葱表皮细胞排列紧密,在显微镜下不易看到细胞间隙,如图 1.11 所示。

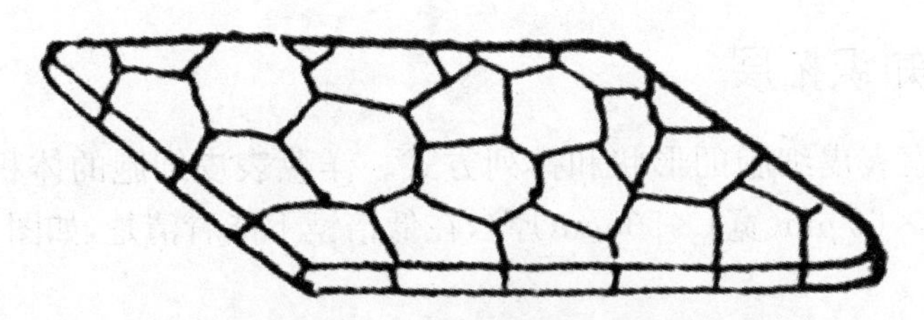

图 1.11　洋葱表皮细胞排列方式

(4) 紧贴细胞壁内侧的是细胞膜,细胞膜极薄,厚度仅为 10 nm,即使仔细观察或改用高倍镜也难以看到。

(5) 被稀碘液染成黄褐色的部分是细胞核。可以观察到,细胞核大都靠近细胞壁,这是因为成熟的植物细胞内庞大的液泡占据细胞中央,细胞核被挤到细胞壁附近。有的细胞,虽然其液泡很大,占据细胞中央位置,但因细胞核恰好位于正对视线的细胞壁内侧,虽紧靠细胞壁,但看上去好像在细胞中央。

(6) 实验中,经过染色就能正确区分细胞质和液泡。碘液能将细胞质和液泡都染成黄色,但颜色存在深浅不同:一般细胞质颜色较深,液泡染色较浅,由此即可辨认。

四、注意事项

(1) 作图前要明确作图的目的，严禁马虎对待和潦草作图，生物绘图的精髓在于忠于事实，严禁用主观猜想代替客观观察。

(2) 除了轮廓线以外，其余表现物体立体感、大小、厚度、形态等的唯一形式是用铅笔点细点。绘图时不上色、不投影，打点要圆，不可拖尾，不可忽大忽小，不可两点重合成一条短线。

(3) 绘图完成后要标注出各部位的名称，指示线要直，线头要齐，标注字体应大小适中。在图画的正下方标注放大倍数，左下方写明绘制日期，右下方标明绘制人。绘图、注字、标指示线一律使用铅笔。

五、实训作业

(1) 认真填写实训报告。

(2) 绘制洋葱鳞片表皮细胞结构简图(绘 4～6 个细胞)，并注明各部分名称。

(3) 图 1.12 是制作观察洋葱鳞片叶表皮细胞临时装片的方法步骤图，请根据这些步骤回答下列问题：

图 1.12　制作临时装片步骤

① 正确的实验操作顺序是(填写序号)______。

② 将正确操作制作后的玻片置于显微镜下观察，发现视野中是否有这样的结构：边缘很黑、较宽，里面为空白的圆形或椭圆形；用镊子轻压盖玻片，会移动、变形。这个结构是______。

③ A 和 E 两个步骤中所滴的液体分别是______和______。

④ 在显微镜下观察洋葱鳞片叶表皮细胞时，颜色最深的是细胞内的哪个结构?

附 1.1　安徽省 2017 年对口招生考试技能测试项目——"显微镜的使用与临时装片制作"评分标准

测试要点	测试内容	分值	评分标准
临时装片的制作	取载玻片,在其中央滴一滴清水	10	胶头滴管使用正确,水滴在中央,得 10 分;胶头滴管使用不正确或水滴偏离、过大等,扣 2～6 分,损坏载玻片扣 10 分
	撕取洋葱内表皮	10	使用镊子分离,内表皮大小适中,得 10 分;用手撕或内表皮过大、过小等,扣 2～5 分
	内表皮置于载玻片的清水中	10	使用镊子将洋葱鳞片叶表皮平整地铺展在载玻片上,得 10 分;用手铺开或不够平展,扣 3～5 分
	加盖盖玻片	15	用镊子取盖玻片,使一侧边缘首先接触水滴,慢慢倾斜并盖在样本上,没有气泡,得 15 分;损坏盖玻片扣 5 分,操作不正确扣 5 分;有气泡扣 5 分
显微镜的使用方法	取显微镜	5	一只手握镜臂,另一只手托住镜座,将显微镜轻放在桌面,得 5 分;操作不正确的,扣 1～3 分
	调试显微镜	15	扭转物镜转换器,使低倍物镜对准载物台上的通光孔,调整光圈至合适刻度,然后对准目镜观察,根据光线强弱,调节光亮度。操作正确得 15 分,不正确扣 4～8 分,此项没做扣 15 分
	装片	5	放置切片,移动载物台,标本部分对准通光孔中央。正确得 5 分,不正确扣 2～4 分
	低倍镜观察	20	转动转换器,换上低倍镜后,沿顺时针或逆时针方向缓慢转动粗准焦螺旋,使载物台缓缓上升或下降,直至看到物像。完全正确得 20 分;基本正确得 15 分;操作不正确但能看到物像,得 10 分;压碎装片者,得 0 分
	高倍镜观察	15	将观察的物像移到视野中央,转动转换器,换上高倍镜,调节细准焦螺旋,使物像达到最清晰。完全正确得 15 分;基本正确得 4～8 分;压碎装片者,得 0 分
	绘图	20	绘制高倍镜视野中所见的结构图,真实、美观,得 20 分;真实但不美观得 15 分;略有偏差得 12 分;偏差太大得 5～8 分;完全不是所见结构图得 0 分

续表

测试要点	测试内容	分值	评分标准
整理仪器和实验台	降低载物台，取下载玻片	5	降低载物台，取下载玻片，转动物镜转换器至低倍镜，擦拭镜头，关闭显微镜电源。完全正确得5分，少一个步骤扣1分
	擦净载物台，装镜入箱	5	擦净载物台，将显微镜放回原处。完全正确得5分，有错误者扣2～3分
	清洁实验台	5	整理实验器材，清洁实验台。正确得5分，整理不干净、清洁不彻底者扣2～3分。
操作速度	操作熟练程度	10	在20 min内完成得10分，每延长1 min，扣2分，直到扣完10分为止
总　分		150	

说明：本项目分值为150分，测试时间30 min。

实训四　显微镜油镜的使用

一、预备知识

（一）显微镜

在“显微镜的结构与使用”和“洋葱表皮细胞临时装片的制作与观察”实训中，我们学习了普通光学显微镜的结构和使用方法，学会了临时装片的制作方法，并且使用显微镜观察了洋葱表皮细胞，掌握了相关技能。对于洋葱鳞片叶表皮细胞，我们使用普通光学显微镜的低倍镜和高倍镜观察就足够了，但是如果我们想要用光学显微镜观察结构更微小的生物体，如细菌等微生物，就需要借助光学显微镜油镜来观察了。要正确使用显微镜油镜，利用实训二和实训三中使用的普通显微镜有时是不行的，这时使用固定镜臂式显微镜比较方便。

常用的普通光学显微镜，根据镜臂是否固定一般可分为两类：

一类是镜臂可倾斜的，这类显微镜，由于其载物台靠镜臂支持，因此，载物台可随镜臂倾斜，如图 1.13 所示。

另一类是镜臂固定的，由于镜臂固定，载物台始终处于水平状态，所以在使用油镜时，镜臂固定式的显微镜显然比较方便。根据接目镜数目的不同，又可分为单目显微镜和双目显微镜。图 1.14 是单目固定臂式显微镜，图 1.15 是双目固定臂式显微镜及其结构示意图。

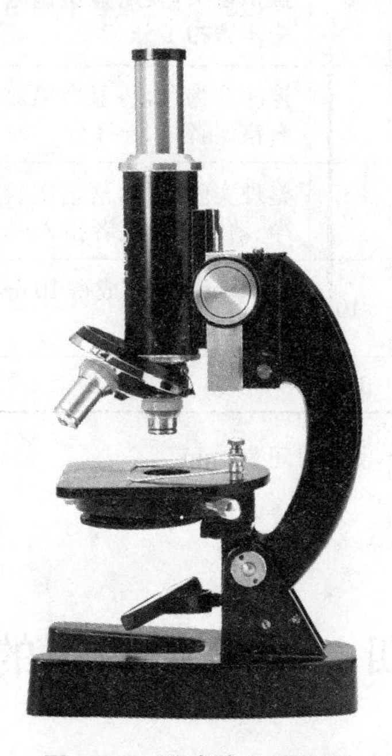

图 1.13　活动臂式显微镜

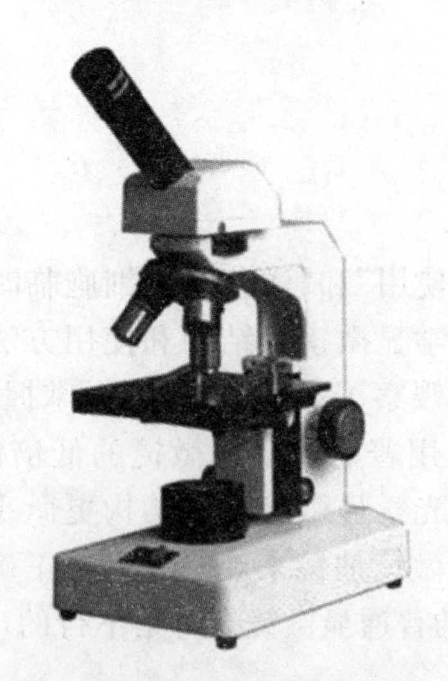

图 1.14　单目固定臂式显微镜

此外，常见的显微镜还有三目显微镜。在三目显微镜中，第三目通常用来外接数码相机或电脑。用于拍照或者在电脑上显示所观察到的微观结构，如图1.16所示，图示外接数码相机。

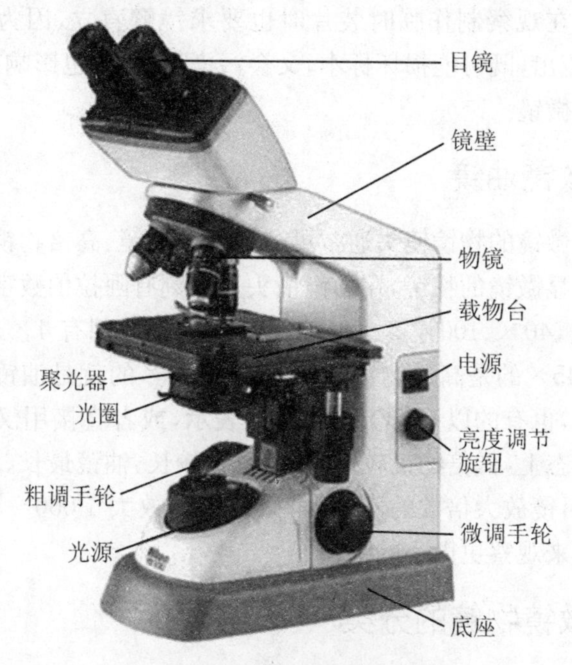

图1.15　双目固定臂式显微镜

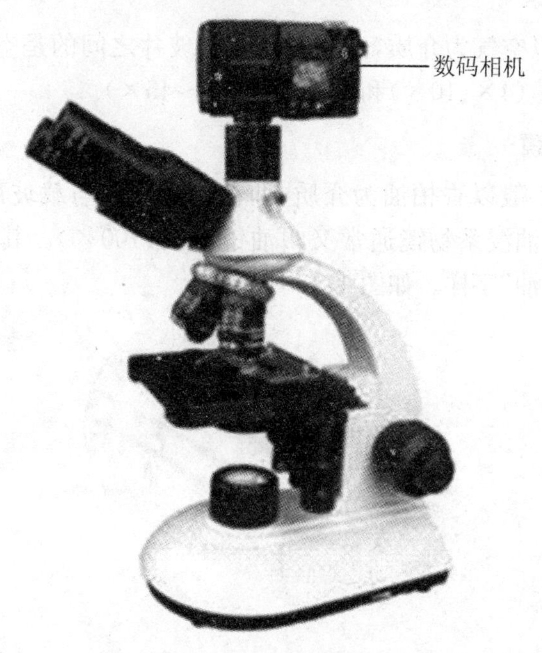

图1.16　三目显微镜

需要说明的是，镜臂可倾斜的显微镜也可以使用油镜观察，前提一是要具有高倍物镜(90～100×)，二是使用时必须使镜筒直立，保证载物台(又叫镜台)处于水平状态。在观察制作临时装片时也要求镜臂直立，因为当载物台倾斜时，液体或油易流出，既可能损坏标本，又会污染载物台，也影响观察结果，同时也有可能损坏显微镜。

(二) 显微镜油镜

普通光学显微镜的物镜镜头通常可分为低倍物镜、高倍物镜和油镜。首先我们来观察一下显微镜的物镜，在物镜镜头上都刻有阿拉伯数字和一个×号字样。如4×、10×、40×、100×等。一般在物镜镜头上刻有4×、10×的是低倍物镜；刻有40～45×的是高倍物镜；刻有90～100×的就是油镜。油镜通常标记有黑圈或红圈，也有的以oil、OI、HI字样表示，或者直接用汉字“油”来表示油镜。在外观形态上，低倍物镜较短，高倍物镜较长，油镜最长。油镜是放大倍数最大的，根据目镜放大倍数的不同，可以使物体放大1 000～2 000倍。因而使用油镜可以用来观察更微小的结构。

(三) 显微镜物镜的分类

根据被检物体与物镜之间介质的不同，普通光学显微镜的物镜可以分为：

1. 干燥系物镜

干燥系物镜以空气为介质，即在物镜与载玻片之间的是空气，包括我们日常使用的低倍物镜(4×、10×)和高倍物镜(40～45×)。

2. 油浸系物镜

油浸系物镜一般以香柏油为介质，即在物镜镜头与载玻片之间的不是空气，而是香柏油。油浸系物镜通常又叫油镜镜头(100×)。其上常刻有HI或OI或oil或汉字“油”字样。如图1.17所示。

图1.17 油镜镜头

（四）油镜的工作原理

我们用低倍镜观察时，被观察物体与物镜之间的介质是空气，当光线通过载玻片进入空气后，由于空气和玻璃的折射率不同，进入物镜的光线减少，这样就减弱了视野的照明度，降低了显微镜的分辨能力。

我们使用油镜时，通常用香柏油作为介质。由于香柏油的折射率和玻璃几乎相同，因此当光线通过载玻片时，光线几乎不发生折射现象。可直接通过香柏油进入物镜，因而增加了视野的照明度，提高了显微镜的分辨能力。干燥系物镜与油浸系物镜的光线通路比较如图 1.18 所示。

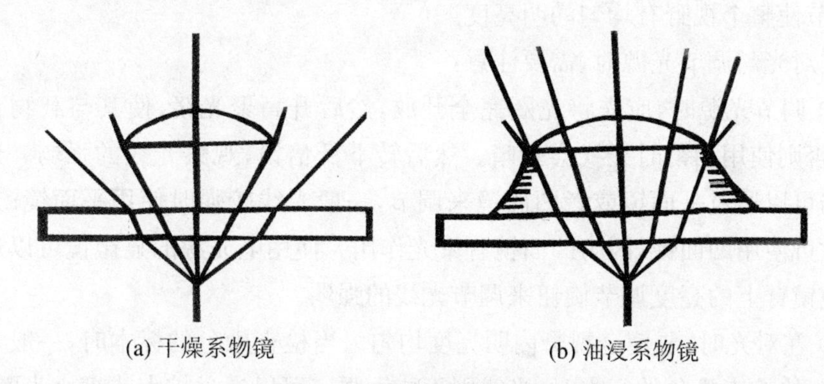

图 1.18　两种物镜的光线通路比较

二、油镜使用实训操作

（一）实训目的

（1）进一步巩固普通光学显微镜的使用方法和操作规程。

（2）理解光学显微镜油镜的原理，学会并练习普通光学显微镜油镜的使用方法。

（二）实训仪器和材料

显微镜、香柏油、二甲苯、金黄色葡萄球菌染色玻片标本、枯草芽孢杆菌染色玻片标本。

（三）实训操作方法与步骤

1. 观察前的准备

(1) 取镜。按实训二中的取镜方法取镜，并将显微镜置于水平实训台面上。镜座距实训台边缘6～10 cm。观察者端正坐姿，单目显微镜一般用左眼观察，右眼帮助绘图或者做记录，双目显微镜用双眼观察。

(2) 对光与调节光源。首先旋动转换器，使低倍镜与镜筒成一直线。对于固定臂显微镜，只要将物镜与通光孔对准即可。对于电光源显微镜，要打开电源，调节使整个视野有均匀的明亮度。

在对光与调节光源时，需要注意：

① 调节光源时，应先将光圈完全开放，然后升高聚光镜，使其与载物台同样高，否则使用油镜时光线会较暗。然后转下低倍镜，观察光线的强弱。光线的强弱可以通过平面镜或者凹面镜来调节，一般光线较强时使用平面镜；光线较弱时可使用凹面镜，因为凹面镜有聚光作用。使用电光源的显微镜可以通过显微镜镜臂上的亮度调节旋钮来调节光线的强弱。

② 在对光时，要使全视野内明亮度均匀。当检查染色的标本时，一般光线应强些；检查未染色的标本时，光线则不能太强。可以通过扩大或缩小光圈、升降聚光器、旋转反光镜来综合调节光线的强弱。

③ 对光时应避免直射光源，因为直射光源一方面会影响物像的清晰度，同时也可能会损坏光源装置和镜头，并刺激眼睛。如遇阴暗天气，可以使用日光灯或显微镜灯照明。

(3) 将要观察的标本放在载物台上，并将待检测部位置于物镜正下方。将金黄色葡萄球菌染色标本放置于载物台（镜台）上，用标本夹夹住；移动推动器，使观察对象处于物镜正下方；用显微镜仔细观察，并完成实训作业。

2. 使用低倍镜观察

需要明确的是观察必须从低倍镜开始，原因是低倍镜视野较大，容易发现要检测的目标和确定检测物的位置。

转动粗准焦螺旋，从侧面观察，使物镜降至距标本大约 0.5 cm 处。再由目镜观察，此时可适当缩小光圈，否则视野中可能会光亮一片，难以观察到目标物。同时用粗准焦螺旋缓慢升起镜筒，待到物像出现后再用细准焦螺旋调节，直至物像清晰时为止。然后移动标本，认真观察标本的各个部位，找到要观察的目标物，并将其移到视野的正中心。

注意：若使用固定臂显微镜，则接物镜与玻片标本的距离是通过升降载物台实现的。这时，仍需要从侧面观察，使玻片标本与物镜之间的距离保持在大约0.5 cm。切忌使物镜镜头触碰到玻片标本，以免损坏玻片标本和物镜镜头。然后调节粗准焦螺旋，使载物台缓慢下降，直至出现物像，再调节细准焦螺旋至物像清晰为止。最后移动标本，认真观察标本的各个部位，找到要观察的目标位置，并将其移到视野的正中心，准备用高倍镜观察。

3. 使用高倍镜观察

转动转换器，将高倍物镜转至正下方。转换物镜时，也要用眼睛从侧面观察，以避免物镜镜头与玻片标本相撞。然后由目镜观察，并仔细调节光圈，使光线的明亮度适宜，再调节细准焦螺旋至物像清晰。找到最适宜的观察部位后，将之移到视野的中心，准备用油镜观察。

4. 油镜观察

(1) 通过粗准焦螺旋调整物镜与载物台之间的距离，使之达到2 cm左右，然后将油镜镜头通过转换器转到正下方。注意：对于活动臂式显微镜，此调整可以通过调节粗准焦螺旋使镜筒上升1.5～2 cm来实现；对于固定臂式显微镜，此调整可通过调节粗准焦螺旋使载物台下降1.5～2 cm来实现。

(2) 在载玻片标本的镜检部位滴一滴香柏油。从侧面注视，调节粗准焦螺旋，小心地使油镜镜头前端浸入到香柏油中，使镜头几乎与玻片标本相接。对于活动臂式显微镜，可通过调节粗准焦螺旋降低镜筒的方式调整；对于固定臂式显微镜，可通过调节粗准焦螺旋升高载物台的方式调整。在此操作过程中要十分细心，特别注意镜头不能压在玻片标本上，以防止镜头压碎玻片标本或者玻片标本顶坏油镜前的透镜，损坏物镜镜头。

(3) 从目镜观察，进一步调节光线，使光线明亮。然后调节粗准焦螺旋至物像出现。对于活动臂式显微镜，可以通过调节粗准焦螺旋慢慢升高镜筒的方法调整；对于固定臂式显微镜，可以通过调节粗准焦螺旋降低载物台的方式调整。然后调节细准焦螺旋，校正焦距，直到出现清晰的物像为止。

(4) 如果油镜已经离开油面却仍未见物像，必须再从侧面观察，重复上述操作，直到看清物像为止。

(5) 观察结束后，及时擦去香柏油。通过调节粗准焦螺旋，使物镜离开油面至合适距离。先用擦镜纸拭去镜头上的香柏油，然后用擦镜纸蘸取少许二甲苯擦去镜头上残留的油迹，最后再用干净的擦镜纸擦去残留的二甲苯残渍。注意:切忌用手或其他纸擦拭镜头,以免损坏镜头。用柔软的绸布或绒布擦拭显微镜的机械部件。

想一想　使用不同的显微镜,这一步应该如何操作?

(6) 还原,即将显微镜的各部分还原。将物镜通过转换器转成八字形。对于有反光镜的活动臂式显微镜,还要让反光镜垂直于镜座,把物镜转成八字形,再向下旋,同时把聚光镜降下,以免物镜与聚光镜发生碰撞而损坏部件。

(7) 用过的玻片标本,在涂面上滴一滴二甲苯,用吸水纸擦去油污,直至洁净为止,放入标本盒中。

(8) 按上述方法步骤,观察枯草芽孢杆菌的染色标本,并完成实训作业。

(9) 实训结束后,立即清理实训台面,将物品归位,使之摆放整齐有序。显微镜装箱上锁并归还。

5. 注意事项

(1) 使用油镜观察时,必须按照先用低倍镜观察,然后用高倍镜观察,最后用油镜观察的顺序。

(2) 通过粗准焦螺旋调整玻片标本与油镜镜头之间的距离时,一定要从侧面注视,并注意观察,以免压坏玻片标本或损坏镜头。

(3) 在使用二甲苯擦拭镜头时,注意二甲苯不能过多,以防止由于二甲苯过多而导致溶解固定透镜的树脂。

(4) 注意保持显微镜的洁净,擦拭金属部分要用软布,擦拭显微镜镜头必须用擦镜纸,切忌用手或者普通的纸、布来擦拭镜头,以免损坏镜头。

(5) 在显微镜的使用过程中,如发现问题应及时向老师报告并进行登记,以便及时检修。

6. 实训作业

(1) 使用油镜观察时,为什么要在载玻片上滴加香柏油?

(2) 绘出你用油镜观察到的金黄葡萄球菌和枯草芽孢杆菌的形态图。注意观察它们的形态、大小及排列方式,有芽孢的,注意芽孢的着生位置。

(3) 根据你在实训中对显微镜的观察,说说你是如何区分低倍镜、高倍镜和油镜的?

实训五　一定物质的量浓度溶液的配制[1]

物质的量浓度可以十分方便地表示溶液的组成，它是化学教学中一个常用的物理量，同时也是工农业生产、科学研究中经常用来表示溶液组成的一个物理量。熟练掌握一定物质的量浓度溶液的配制技能具有十分重要的作用。

一、实训目的

(1) 练习配制一定物质的量浓度的溶液，并掌握配制技能。

(2) 进一步加深对物质的量浓度概念的理解。

(3) 练习容量瓶的使用方法，掌握其使用技能。

二、实训仪器

(1) 烧杯、容量瓶、胶头滴管、量筒、玻璃棒、药匙、滤纸、托盘天平。

(2) NaCl、蒸馏水。

三、预备知识

1. 物质的量浓度的概念

以单位体积溶液中所含溶质的物质的量来表示溶液的组成，叫作该溶质的物质的量浓度。在这一概念中，我们需要注意的是，体积是指溶液的体积而不是溶剂的体积，即溶质和溶剂混合后的总体积。计算公式为

$$C = \frac{n}{V}$$

式中，n 为溶质的物质的量，V 为溶液的体积。

2. 需要用到的新仪器——容量瓶

容量瓶是能精密测量溶液体积的仪器。其形似平底烧瓶，但与平底烧瓶不

① 对口招生考试技能测试项目。

同，如图 1.19 所示。具体差别为：

(1) 容量瓶为平底，且为磨砂瓶口。

(2) 容量瓶瓶体上标有温度、容积两个数据和一条刻度线。

(3) 容量瓶有专用瓶塞。

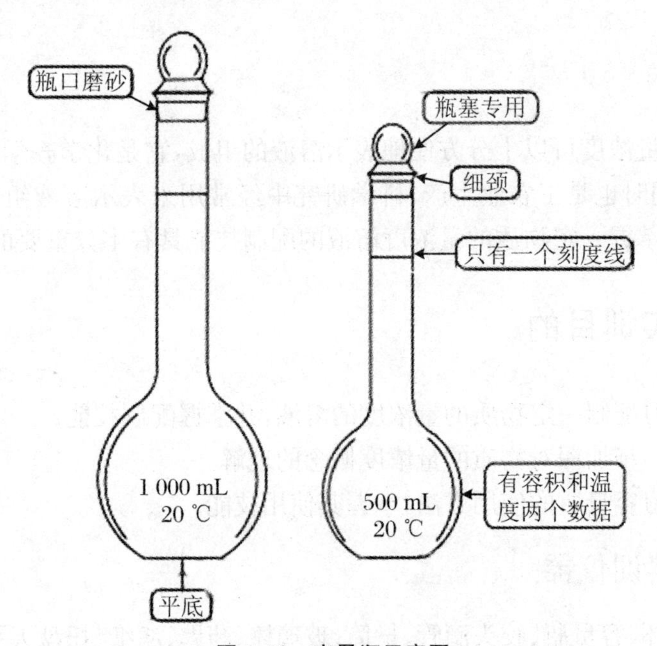

图 1.19 容量瓶示意图

(4) 容量瓶有不同的规格。根据容量瓶容积的大小，容量瓶的规格有 100 mL、250 mL、500 mL、1 000 mL 等。如图 1.20 所示。

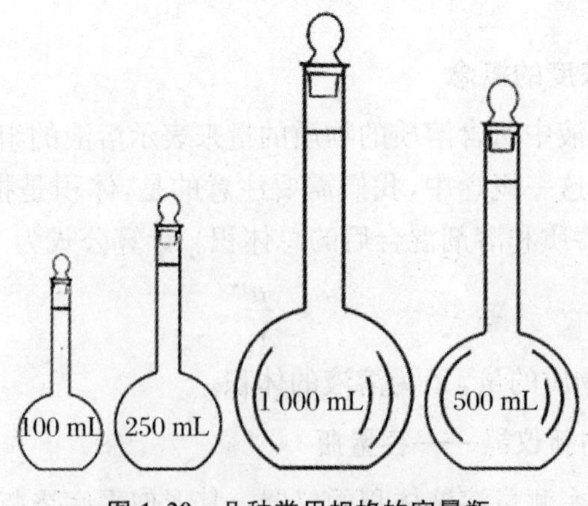

图 1.20 几种常用规格的容量瓶

四、实训步骤

（一）固体药品配制溶液——配制 100 mL 2.0 mol/L NaCl 溶液

1. 计算

计算配制 100 mL 2.0 mol/L NaCl 溶液所需 NaCl 固体的质量。

计算方法为：

$n(\text{NaCl}) = C(\text{NaCl}) \times V(\text{NaCl}) = 2.0\ \text{mol/L} \times 0.1\ \text{L} = 0.2\ \text{mol}$

$m(\text{NaCl}) = n(\text{NaCl}) \times M(\text{NaCl}) = 0.2\ \text{mol} \times 58.5\ \text{g/mol} = 11.7\ \text{g}$

2. 称量

用托盘天平称量出所需 NaCl 固体的质量 11.7 g。

3. 溶解

把称好的 NaCl 固体放入 100 mL 烧杯中，用适量蒸馏水溶解，冷却并恢复到室温。

4. 移液

将烧杯中的溶液用玻璃棒小心地引流到 100 mL 容量瓶中(注意：不要让溶液洒到容量瓶外和刻度线以上)。如图 1.21 所示。

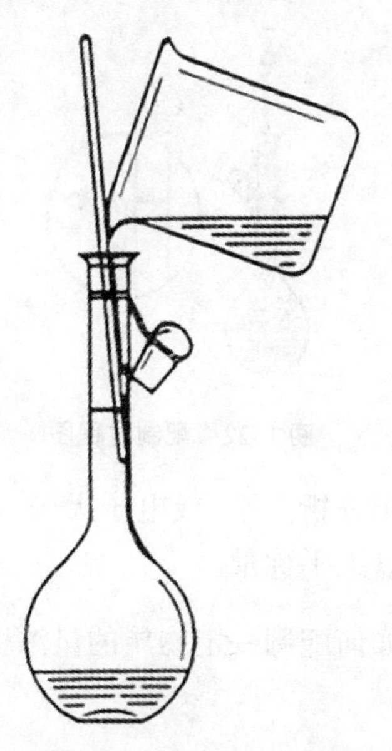

图 1.21　向容量瓶中转移溶液

5. 洗涤

用少量蒸馏水洗涤烧杯内壁2～3次，并将每次的洗涤液也全部转移到容量瓶中。

6. 定容、摇匀

缓缓地将蒸馏水注入容量瓶中，直到容量瓶中液面接近刻度线以下1～2 cm时，改用胶头滴管逐滴加蒸馏水，使溶液凹液面恰好与刻度相切。盖好容量瓶瓶塞，反复颠倒、摇匀。摇匀的方法是：把定容好的容量瓶瓶塞塞紧，用一只手的食指顶住瓶塞，另一只手托住瓶底，反复颠倒、摇匀，这时如果液面低于刻度线，不要再加水。

7. 装瓶

将配制好的溶液倒入试剂瓶中，贴好标签。整个配制过程如图1.22所示。

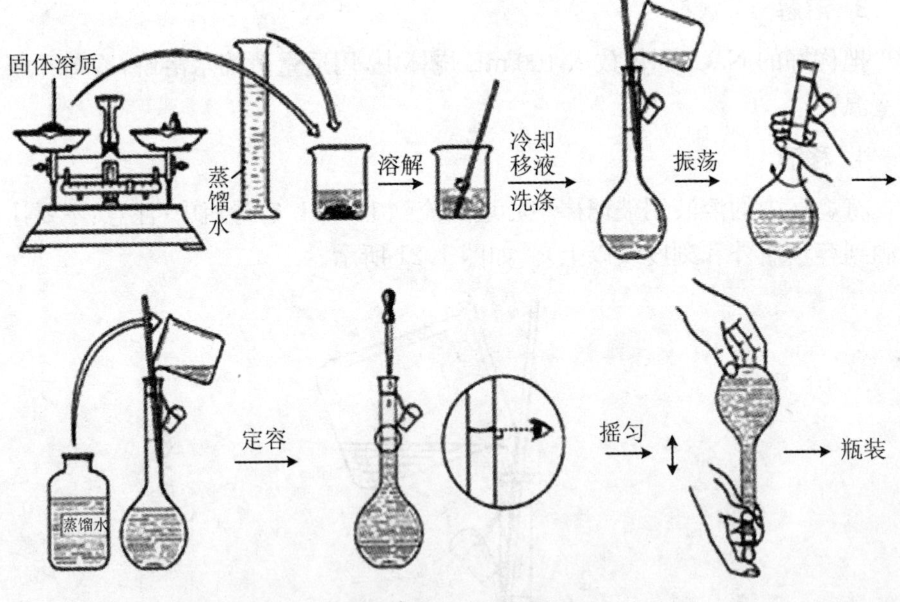

图1.22 配制过程图

说明：称取固体应使用分析天平（或电子天平），但从目前中职教学的实际情况考虑，本实验使用托盘天平称量。

想一想　液体药剂如何配制一定物质的量浓度的溶液呢？

（二）一定物质的量浓度的液体试剂的配制

以上我们练习了用固体药品配制一定物质的量浓度的溶液。我们知道，在实训室中，有些药品是液态的，如浓 H_2SO_4、浓 HNO_3 等。那么，对于这些液态物质，它们的一定物质的量浓度的溶液应该如何配制呢？下面我们继续来探讨这个问题。用质量分数为 98% 的浓 H_2SO_4（密度为 1.84 g/mL）配制 0.1 mol/L H_2SO_4 溶液 500 mL。

需要明确的是，这类问题从本质上说就是一个溶液的稀释问题。配制液体药品仍然需要按照上面几个步骤来操作。也就是说，同样需要计算、称量（量取）、溶解、冷却、移液、洗涤、定容、摇匀、装瓶等步骤。

在实际操作中，测量液体质量往往不太方便。而测量溶液的体积则比较方便。因此，在配制液体药品时，我们通常先通过计算得出所需要药品的体积，然后用量筒进行量取。注意：这时用到的仪器不是天平而是量筒。

量筒是量度液体体积的仪器。规格以所能量度的最大容量（mL）表示。常用的规格有 5 mL、10 mL、25 mL、50 mL、100 mL、250 mL、500 mL、1 000 mL 等。外壁刻度都是以 mL 为单位，5 mL 量筒每小格表示 0.1 mL，10 mL 量筒每小格表示 0.2 mL，50 mL 量筒每小格表示 1 mL。可见量筒越大，管径越粗，其精确度越小，由视线的偏差所造成的读数误差也越大。

因此，实训操作中应根据所需量取的溶液的体积，尽量选用能一次量取的最小规格的量筒。因为分次量取也会引起误差。量取的次数越多，引起的误差就越大。例如，当我们需要量取 80 mL 液体，应选用规格为 100 mL 量筒，需要量取 3 mL 液体时，可选用规格为 5 mL 的量筒或 10 mL 的量筒。图 1.23 所示的为常见的不同规格的量筒。

用质量分数为 98% 的浓 H_2SO_4（密度为 1.84 g/mL）配制 500 mL 的 0.1 mol/L H_2SO_4 溶液的步骤为：

1. 计算

先计算出配制 500 mL 0.1 mol/L H_2SO_4 溶液需要的质量分数为 98% 的浓 H_2SO_4 的体积。为了使同学们能很容易理解，我们分步计算。

首先，我们求出 1 L 质量分数为 98% 的浓 H_2SO_4 中所含硫酸的物质的量

$$C(H_2SO_4) = 1.84\ g/mL \times 1\,000\ mL \times 98\% / 98 = 18.4\ mol$$

则该硫酸的物质的量浓度为 18.4 mol/L。

现在我们设配制 500 mL 0.1 mol/L H_2SO_4 溶液所需要的浓 H_2SO_4 的体

积为 VL,那么,根据溶液稀释后溶质的物质的量不变的规律,可知

$$18.4\ \text{mol/L} \times V = 0.1\ \text{mol/L} \times (500/1\,000)\text{L}$$

则 $V = 0.002\,72$ L,即所需要浓 H_2SO_4 的体积为 2.72 mL。

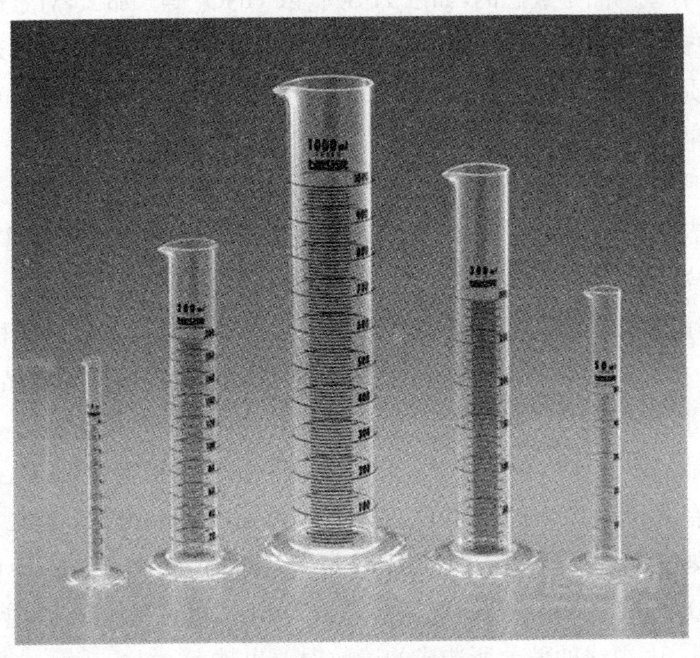

图 1.23　不同规格的量筒

2. 称量

对液体药品而言,此处称为量取似乎更为合适。用小量筒量取 2.72 mL 质量分数为 98%的浓 H_2SO_4。可选用规格为 5 mL 的量筒。

3. 溶解

对液体药品而言,溶质的溶解实质上就是一个稀释的过程。需要注意的是,浓 H_2SO_4 的稀释是一个比较复杂的过程。大家可以回忆一下在初中化学中所学的浓 H_2SO_4 的稀释方法。想一想应该如何操作?具体操作步骤为:

首先取一个烧杯,向烧杯中加入少量的水。将用小量筒量取的 2.72 mL 质量分数为 98%的浓 H_2SO_4 沿烧杯壁缓慢注入烧杯的水中,边加入边用玻璃棒搅拌,目的是使溶液混合均匀并冷却。

4. 冷却

将上述步骤所得的稀硫酸冷却至室温。

5. 移液

将冷却至室温的稀硫酸沿玻璃棒注入容积为500 mL的容量瓶中。

6. 洗涤

用少量的水洗涤用过的烧杯和量筒，一般需洗涤2～3次，将洗涤液也注入容量瓶，振荡使溶液混合均匀。

7. 定容

继续小心地向容量瓶中的稀酸中加水，直到液面接近容量瓶刻度线1～2 cm处，改用胶头滴管加水，使溶液的凹液面恰好与容量瓶的刻度线相切。

8. 摇匀

盖紧瓶盖，摇匀静置，即得0.1 mol/L的稀硫酸溶液。

9. 装瓶

将配制好的溶液注入试剂瓶内，贴上标签存放。

五、实训作业

(1) 溶液注入容量瓶前为什么要恢复到室温？

(2) 将烧杯里的溶液转移到容量瓶中以后，为什么要用蒸馏水洗涤烧杯2～3次，并将洗涤液也全部转移到容量瓶中？

(3) 在用容量瓶配制溶液时，如果加水超过了刻度线，倒出一些溶液，再重新加水到刻度线，这种做法对吗？

如果不对，会引起什么误差？

正确的做法应该是怎样的？

(4) 某同学准备配制0.5 mol/L Na_2CO_3 溶液200 mL，他需要选择何种规格的容量瓶才是适当的？

(5) 欲用胆矾($CuSO_4 \cdot 5H_2O$)配制490 mL 0.2 mol/L的 $CuSO_4$ 溶液，根据题意填空：

① 图1.24中有四种仪器，配制上述溶液肯定不需用到的是______(填字母)，配制上述溶液还需要的玻璃仪器有______(填仪器名称)。

② 配制该溶液应选用______mL容量瓶，使用容量瓶之前必须进行______。

③ 配制该溶液应用托盘天平称取______g胆矾。

④ 使用容量瓶配制溶液时，由于操作不当，会引起误差，下列情况会使所配溶液浓度偏低的是______（填编号）。

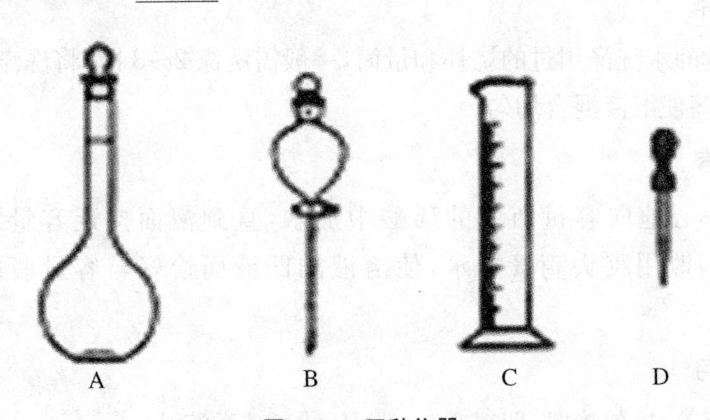

图1.24 四种仪器

A. 用天平（使用游码）称量时，被称量物与砝码的位置放颠倒了。

B. 向容量瓶中转移溶液时不慎将液滴洒在容量瓶外面。

C. 溶液转移到容量瓶后，烧杯及玻璃棒未用蒸馏水洗涤。

D. 转移溶液前容量瓶内有少量蒸馏水。

E. 定容时，仰视容量瓶的刻度线。

F. 定容后摇匀，发现液面降低，又补加少量水，重新达到刻度线。

附1.2 安徽省2017年对口招生考试技能测试项目——“一定物质的量浓度溶液的配制”评分标准

测试要点	测试内容	分值	评分标准
实训准备	写出配制溶液所需的仪器名称	12	共6种仪器，写出一种仪器名称得2分
	计算	12	计算步骤和结果都正确得12分，步骤正确但结果错误得8分，无步骤但结果正确扣4分，步骤和结果都错得0分

续表

测试要点	测试内容	分值	评分标准
实训过程	称量	10	在托盘天平上各放一张称量纸，准确称取所需氯化钠。完全正确得10分，不全正确酌情扣4～6分，完全错误得0分
	溶解	6	用少量蒸馏水溶解，溶解时玻璃棒不要碰到烧杯壁发出响声。完全正确得6分，不全正确酌情扣2～3分，完全错误得0分
	移液	10	移液时用玻璃棒引流，且其下端应靠在容量瓶内壁的刻度线以下部位。完全正确得10分，不全正确酌情扣3～5分，溶液洒泼在容量瓶外得0分
	洗涤	10	操作完全正确得10分，不全正确酌情扣3～5分，洗液洒泼在容量瓶外得0分
	定容	10	定容时要平视刻度线，视线与溶液凹面最低处相切。完全正确得10分，不全正确酌情扣3～5分，完全错误得0分
	摇匀	7	把定容好的容量瓶瓶塞塞紧，用一只手的食指顶住瓶塞，另一只手托住瓶底，反复颠倒摇匀，不能再加水。完全正确得7分，不全正确酌情扣2～3分，摇匀后再加水得0分
	装瓶	8	完全正确得8分，有液体洒泼出来扣4分，忘贴标签扣2分
整理仪器和实训台	清洁实验台	5	整理实验器材，清洁实验台。正确得5分，整理不干净、清洁不彻底者酌情扣1～2分
操作速度	操作熟练程度	10	在20 min内完成得10分，每延长1 min，扣2分，直到扣完10分为止
总　分		100	

说明：本项测试分值为100分，测试时间为30 min。

实训六　常见消毒液的配制①

一、实训目的

(1) 学会计算、称取、量取并配制各种消毒液，掌握配制消毒液的规范操作过程。

(2) 能从给定的 5 种消毒剂中选出适合某指定用途的消毒剂，换句话说，就是需要了解可以用作指定用途的消毒剂有哪些种类(这里某指定用途的消毒剂不一定对应的是单个种类，可以有 2 个或多个)。

二、实训仪器与材料

量筒，托盘天平，盆，量桶或量杯，搅拌棒，橡皮手套，电炉，待选消毒药品：粗制氢氧化钠、漂白粉、苯扎溴铵、高锰酸钾、酒精，工作服，口罩，毛巾，肥皂，自来水等。图 1.25 中展示的是部分市售的消毒剂或药品。

图 1.25　市售的消毒剂或药品

① 对口招生考试技能测试项目。

三、消毒液配制技能训练

(一) 配制 2%烧碱(NaOH)溶液 200 mL

1. 计算

配制 2%烧碱溶液 200 mL,需要称取固体 NaOH 的质量是

$$m(\text{NaOH}) = 200\ \text{mL} \times 1\ \text{g/mL} \times 2\% = 4\ \text{g}$$

用量筒量取水的体积为 $V(H_2O) = 200$ mL

2. 称量

用托盘天平准确称取 4 g NaOH。如图 1.26、图 1.27 所示。

图 1.26　准备称取 NaOH

图 1.27　称取 NaOH

注意:两托盘放相同称量纸,调零,左物右码。

3. 溶解

将称好的 NaOH 倒入烧杯中,再小心倒入 200 mL 自来水,用玻璃棒搅拌

使其完全溶解。如图 1.28 所示。

图 1.28　溶解 NaOH

4. 结束

将配好的溶液倒入指定容器，清洗烧杯与玻璃棒 2～3 遍，并放回原位；将托盘天平、装 NaOH 的容器等归位，将器材摆放整齐，擦干实验台。

说明：4 g NaOH 溶解在 200 mL 水中，水的总体积会增加 1 mL 左右，如果需要精确一点可以加 199 mL 水，就可以配制 200 mL NaOH 溶液了。

5. 用途

主要用于地面消毒。

（二）配制 75%酒精溶液 100 mL

1. 计算

配制 75%的酒精溶液，需要 95%的酒精的体积为

$$V = 100\ \text{mL} \times 75\% / 95\% = 79\ \text{mL}$$

需要加水的体积为：$100 - 79 = 21$ mL

2. 量取

用两支 100 mL 量筒分别量取 79 mL 酒精和 21 mL 水。

3. 溶解

先在烧杯中倒入 79 mL 酒精，再倒入 21 mL 水，搅拌。

4. 结束

实验器材归位，擦干实验台。

5. 用途

主要用于皮肤消毒。

（三）配制 0.1%高锰酸钾 200 mL

1. 计算

配制 200 mL 0.1%的 $KMnO_4$ 溶液，需要称取 $KMnO_4$ 的质量为

$$m(KMnO_4) = 0.1\% \times 200\ g = 0.2\ g$$

2. 称量

用托盘天平准确称取 0.2 g 高锰酸钾，如图 1.29 所示。

3. 溶解

将 0.2 g 高锰酸钾溶解在 200 mL 水中，如图 1.30 所示。

图 1.29　称取 $KMnO_4$

图 1.30　溶解 $KMnO_4$

4. 结束

将配好的高锰酸钾溶液倒入指定容器，清洗烧杯 2～3 遍，并将有关实验器材、天平、量筒等归位，擦干实验台。

5. 用途

主要用于皮肤消毒。

(四) 配制0.1%苯扎溴铵溶液

1. 计算

由于市场上苯扎溴铵浓度在25～30 g/L,若配制0.1%的苯扎溴铵,可将其稀释25～30倍。

2. 量取

用量筒量取10 mL苯扎溴铵溶液。

3. 溶解

将10 mL苯扎溴铵溶液溶解在240～290 mL水中。

4. 结束

将配好的消毒液倒入指定容器,并清洗量筒、盆等器材,归到原来位置,摆放整齐,擦干实验台。

5. 用途

主要用于皮肤消毒、空气消毒、养殖器具消毒。

四、注意事项

(1) 在选择消毒剂时,单一标出体积或质量意义不大,主要看浓度。消毒剂的浓度与用途有密切关联,在对口招生考试的技能测试中,要求学生知道同一种消毒剂因浓度不同而致用途不同,其浓度与作用的关系是教学中要求学生掌握的内容。

(2) 由于是粗配,各消毒液浓度都比较稀(5%～20%漂白粉例外),浓度都按1 g/mL来计算。

(3) 在常规的养殖生产中,4种指定用途的消毒剂一般选择如下:

① 地面消毒:2%烧碱、5%～20%漂白粉;

② 皮肤消毒:75%酒精、0.1%苯扎溴铵、0.02%～0.1%高锰酸钾;

③ 空气消毒:高锰酸钾粉末(与40%甲醛混合熏蒸)、0.1%苯扎溴铵、0.5%漂白粉;

④ 养殖器具消毒:0.1%苯扎溴铵、0.5%漂白粉。

(4) 95%、75%酒精均为体积比,计算及配制时忽略溶液密度、混合体积变化因素。

(5) 0.1%高锰酸钾为质量百分比浓度,按液体密度为1.0 kg/L计算用量。

五、实训作业

(1) 请指出用于地面消毒、皮肤消毒、空气消毒、养殖器具消毒的消毒剂各有哪些。

(2) 动手配制2%烧碱、75%酒精、0.1%苯扎溴铵、0.1%高锰酸钾溶液。

附1.3 安徽省2017年对口招生考试技能测试项目——"消毒液的配制"评分标准

序号	测试内容	测试要点	分值	评分标准
1	消毒剂的选择	能根据情况正确选择消毒剂	30	从5种试剂(2%烧碱、漂白粉、苯扎溴铵、高锰酸钾、酒精)中选出合适某指定用途的消毒剂,指定4种用途(地面消毒、皮肤消毒、空气消毒、养殖器具消毒),消毒剂选择不正确者每一项扣7.5分
2	工具的准备	能熟练准备工具	15	准备好相应的工具及相关材料,用具和材料准备齐全者得15分,不全或缺项者应少得分
3	消毒液的配制	能正确配制消毒液	40	用所提供的消毒药品或消毒原液制备一定浓度的消毒液(0.1%的高锰酸钾和75%的酒精)。计算不正确,称量药品或量取原液不准确扣25分;未根据要求配制指定容量及浓度消毒液扣15分
4	用具清洗、归位	能将用具清洗、归位	15	任务完成后,用具清洗不干净扣5分;用具归位不整齐扣5分,操作台清理不干净扣5分
合计		100		

说明:本项测试分值为100分,测试时间30 min。

第二章　种植类专业技能训练

实训一　快速测定种子的生命力[①]

种子发芽率是种子品质和实用价值的主要依据，与播种用种量直接有关，但是常规方法(直接发芽后测定发芽率)所需时间较长，遇到休眠种子也无法得出正确的结论。在生产实践中，快速测定法能够在较短的时间内获得比较满意的测定结果。

一、实训目的

(1) 理解快速测定种子生命力的原理。
(2) 掌握使用红墨水法测定种子生命力的方法和鉴定标准。
(3) 能够准确鉴别种子有无生命力。

二、预备知识

1. 种子生命力

种子生命力是指种子能够萌发的潜在能力或种胚具有的生命力。没有生命力的种子是死亡的种子，不能萌发。种子生命力是指种子的萌发能力。种子寿命指种子从发育成熟到丧失生命力所经历的时间。

2. 影响种子寿命的因素

种子寿命既与植物种类有关，也与贮藏条件(种子含水量、贮藏温度)有关。正常寿命种子，如水稻、玉米、小麦等种子，寿命为1～3年；短寿命种子，如柳树种子仅有12 h；长寿命种子，如莲子能存活400年。一般情况下，低温、低湿有利于种子的保存。

3. 种子生命力的检测评估方法

种子生命力的测定方法很多，常见的有：
(1) 还原力(TTC法)：呼吸→NADH→还原TTC，胚呈红色。

---

① 对口招生考试技能测试项目。

(2) 原生质着色(红墨水法):活种子不易着色,原生质膜具有选择透性(本实训主要使用此法)。

(3) BTB法:活种子呼吸释放CO_2,导致pH下降,酸碱指示剂显色。

(4) 细胞中的荧光物质:紫外线照射发蓝色、蓝紫色荧光。

(5) 外观目测法:用肉眼观察玉米种胚形状和色泽。凡种胚凸出或皱缩、黑暗无光泽的,则种子新鲜、生命力强,可作生产用种。

4. 红墨水法快速测定种子生命力的原理

有生命力种子胚细胞的原生质膜,即细胞膜,具有选择透过性,有选择吸收外界物质的能力,一般染料不能透过细胞膜进入细胞,所以胚部不能染色。

丧失生命力的种子,其胚部细胞的细胞膜丧失了选择吸收的能力,染料可以自由进入细胞内,从而使胚部染色。因此,可以根据种子胚部是否被染色来判断种子的生命力。如图2.1所示。

(a) 有生命力种子

(b) 无生命力种子

图2.1 红墨水测定法

三、实训材料和用具

1. 实训材料

玉米种子(或小麦种子)、红墨水。

2. 实训用具

培养皿、滤纸、烧杯、镊子、放大镜、刀片、恒温箱。

四、实训方法和步骤

1. 5%红墨水溶液的配制

以市场上购置的红墨水为原液,用蒸馏水配制成5%的红墨水溶液。

$$m(\text{红墨水}):m(\text{自来水})=1:19$$

2. 浸泡种子

将待测玉米种子在30 ℃水中浸泡24 h,使其充分吸胀(实训课前一天由教师指定同学准备好)。

3. 切片

取充分吸胀的玉米种子 50 粒,做三个重复标本(共取 150 粒玉米种子,分 3 份,每份 50 粒),用刀片沿种胚中线准确切为两半,如图 2.2 所示。每切 1 粒种子,确认其各半粒种子皆含胚后,分别放置两只培养皿中,取其中一个培养皿中的种子进行测定。

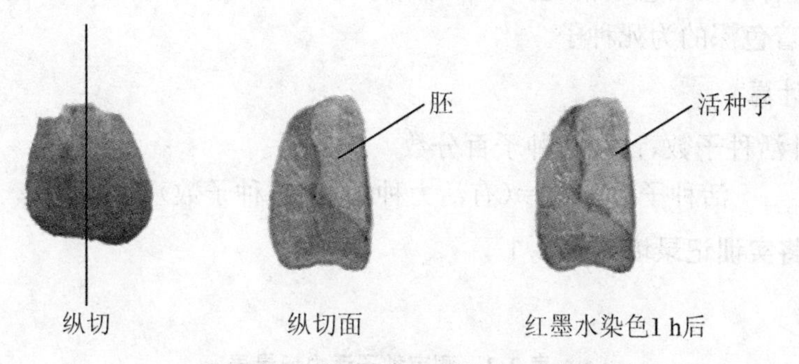

图 2.2 玉米种子纵切及染色示意图

若实训中采用的是小麦的种子,则同样应该先将小麦种子充分吸胀后,取小麦种子 50 粒,做三个重复标本(共取 150 粒小麦种子,分 3 份,每份 50 粒),然后沿每个小麦种子的腹沟纵切,如图 2.3 所示。同样,每切 1 粒种子,要确认其各半粒种子皆含胚后,分别放置于两个培养皿中,取其中一个培养皿中的种子进行测定。

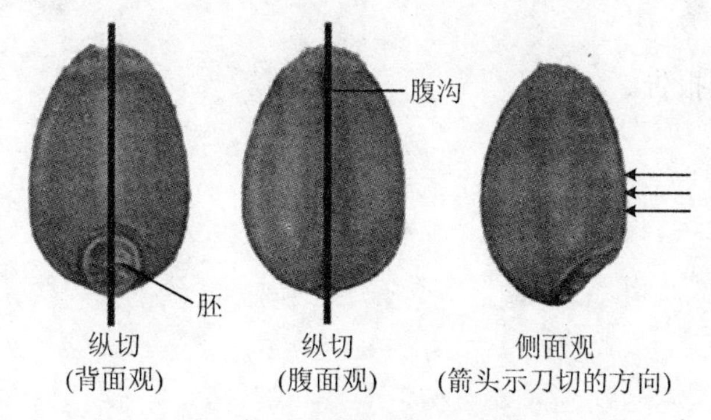

图 2.3 小麦种子纵切示意图

4. 染色

往培养皿中加入 5% 红墨水溶液(用量以恰好淹没种子为宜),染色 15 min。

5. 清洗

染色结束后，倒去红墨水溶液，然后用清水冲洗种子（注意要缓慢冲洗，不要让水流直接冲到种子上），至冲洗液无色为止。用滤纸将种子表面的水分擦干，便于观察。

6. 观察统计

检查种胚被染色的情况。可借助放大镜观察。胚不着色或着色很浅的为活种子；着色深的为死种子。

7. 计算

统计活种子数，计算活种子百分数

$$活种子百分数=(有活力种子/供试种子数)\times100\%$$

8. 将实训记录填入表 2.1

表 2.1　测定种子活力记录表

方法	供试种子数	有活力种子数	无活力种子数	活种子百分比
红墨水着色法				

9. 清理

实训结束后，清理实训桌，归置实训用品及仪器，使实训室清洁整齐。

10. 作业

完成实训报告。

附 2.1　安徽省 2017 年对口招生考试技能测试项目——“快速测定种子的生命力”项目评分标准

测试要点	测试内容	分值	评分标准
测定种子生命力	分切种子	17	切位正确，切口平滑，操作规范熟练，完全正确得 17 分，切位不正确或切坏一粒种子扣 1 分，17 分扣完为止
	种子染色	10	红墨水加入适量，操作规范，完全正确得 10 分，红墨水加入过多或过少扣 4 分，染色时间不足 15 min 扣 2 分
	漂洗种子	10	漂洗操作规范，不掉落种子，完全正确得 10 分，操作不规范或掉落种子者酌情扣 2～4 分
	鉴别活种子	17	鉴别正确，操作规范，完全正确得 17 分，错误判断一粒种子扣 1 分，17 分扣完为止。
填写记录表并计算	计算	16	按实际鉴别结果进行统计，能正确计算出活种子百分数。完全正确得 16 分，统计错误扣 8 分，计算错误扣 8 分
	填写记录表	10	按实际鉴别出的种子数正确填写记录表，完全正确得 10 分，填写与实际不符扣 3～5 分
整理仪器和试验台	清洁实验台	8	整理实验器材，清洁实验台，正确得 8 分；整理不干净，清洁不彻底者酌情扣 2～3 分
操作速度	操作熟练程度	12	在 30 min 内完成得 12 分，每延长 1 min，扣 0.5 分，直到扣完 12 分为止
总　分		100	

说明：本测试分值为 100 分，测试时间 50 min。

实训二 识别昆虫[①]

识别昆虫一

一、实训目的

通过观察，结合所学知识，能正确识别出蚜虫、盲蝽象、黏虫、稻飞虱、稻叶蝉、玉米螟、天牛、稻纵卷叶螟、稻苞虫、蓟马等10种常见农业害虫或林业害虫，并能说出或写出其主要特征。

二、预备知识

1. 蚜虫

蚜虫，属同翅目、蚜科，种类繁多，为多态昆虫，触角丝状。蚜虫同种分为无翅和有翅两类：有翅个体有单眼，无翅个体无单眼。有翅个体有2对翅，前翅大，后翅小；前翅近前缘有1条由纵脉合并而成的粗脉，端部有翅痣。蚜虫第6腹节背侧有1对腹管，腹部末端有1个尾片，口器为刺吸式口器，常群集于叶片、嫩茎、顶芽以及花蕾等部位，刺吸汁液，使叶片皱缩、卷曲、畸形，严重时甚至引起枝叶枯萎甚至整株死亡。同时，蚜虫分泌的蜜露滴到叶片上还会诱发霉菌病等，并招来蚂蚁。如图2.4所示。

2. 盲蝽象

盲蝽象，属昆虫纲、半翅目、盲蝽科，种类较多。其成虫头部呈三角形，体长5 mm，宽2.2 mm，呈绿色，密被短毛。头部为三角形，呈黄绿色。有4节触角，呈丝状，较短，约为体长的2/3，第2节长度等于第3节与第4节之和。前翅有楔区，基部革质，端部膜质。产卵器发达，镰刀状。口器为刺吸式口器，以针刺吸收植株汁液为害。主要危害棉花等植株的幼嫩的茎、叶和花蕾等。如图2.5所示。

---

① 对口招生考试技能测试项目。

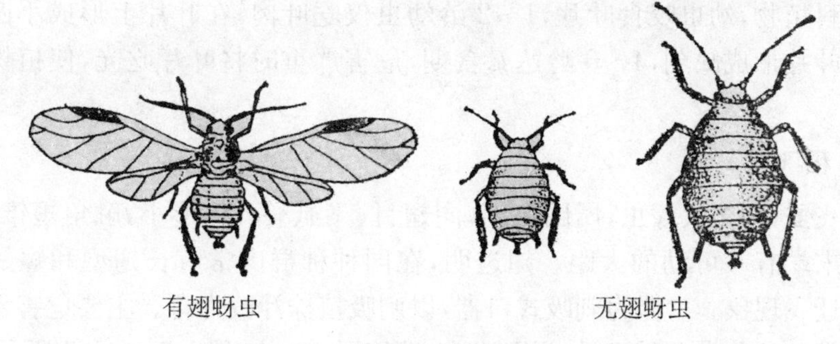

图 2.4 蚜虫

3. 黏虫

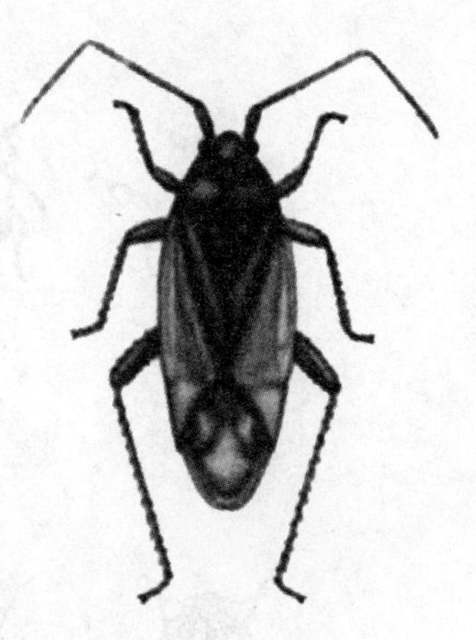
图 2.5 盲蝽象

黏虫，属鳞翅目、夜蛾科。黏虫成虫体型为中型或大型，体粗壮，多毛，色深暗。一般体长约20 mm，翅展35～45 mm。头部与胸部灰褐色，腹部暗褐色。前翅中部有两个淡黄色圆斑，从翅尖至斜后方有一暗条纹。口器为虹吸式口器。幼虫一般 6 龄，体长 17～20 mm，老熟幼虫体长38 mm左右，体色变化较大，一般为绿色到黄褐色，体具黑白褐等色的纵线 5 条，头部呈黄褐色到棕褐色，气门筛呈淡黄褐色，周围呈黑色。如图 2.6 所示。

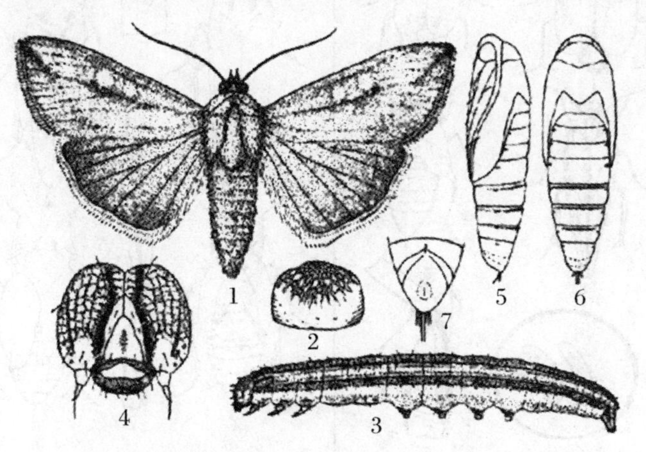

1. 成虫 2. 卵 3. 幼虫 4. 幼虫的头部 5. 蛹(侧面观察)
6. 蛹(背面观察) 7. 蛹腹部末端

图 2.6 黏虫

黏虫是禾本科植物世界性的重要农业害虫。黏虫的幼虫食性很杂，尤其喜食禾本科植物，幼虫咬食叶片，1～2龄幼虫仅吃叶肉，在叶片上形成小圆孔，3龄后使叶片形成缺刻，4～6龄达暴食期，危害严重时将叶片吃光，使植株形成光秆。

4. 稻飞虱

稻飞虱，俗名火蠓虫，属昆虫纲，同翅目、飞虱科。体形小，触角短锥状，后足胫节末端有一可动的大距。翅透明，在同种种群内常有长翅型和短翅型个体。有迁飞现象。口器为刺吸式口器，以刺吸植株汁液为害。主要危害禾本科植物。常见的种类有稻飞虱、褐飞虱、白背飞虱等。如图2.7、图2.8所示。

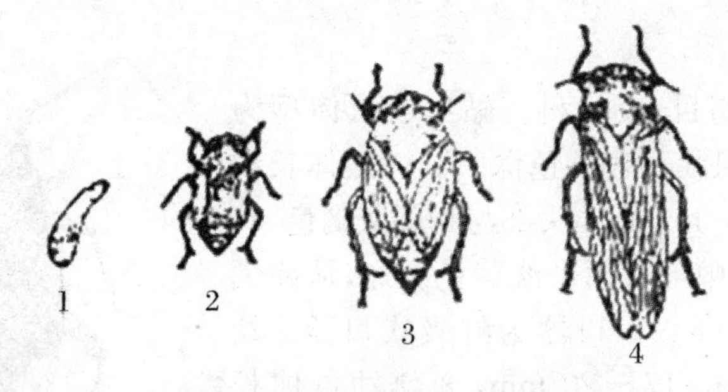

1. 卵　2. 若虫　3. 短翅成虫　4. 长翅成虫

图2.7　稻飞虱(不全变态)

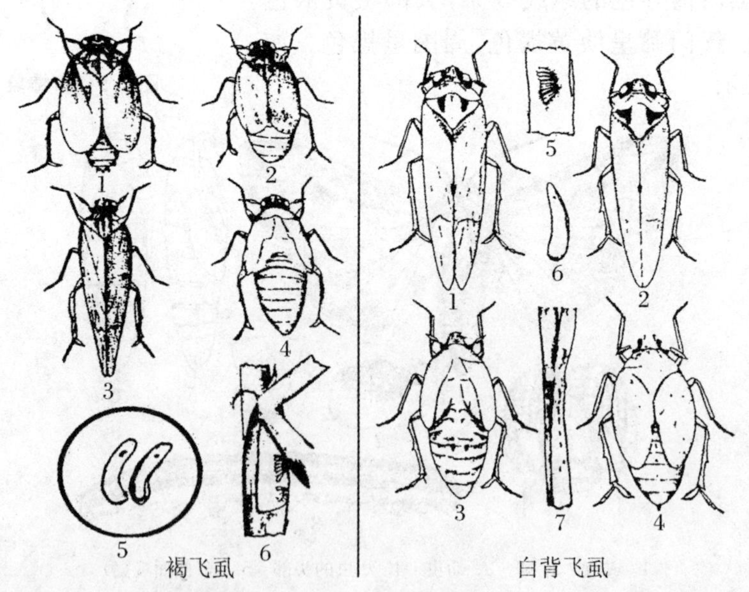

1. 短翅型成虫　2. 短翅型雌成虫　3. 长翅型雌成虫　4. 若虫　5. 卵(放大)　6. 产于叶鞘中的卵块

1. 长翅型雌成虫　2. 短翅型雄成虫　3. 若虫　4. 短翅型雌成虫　5. 产在叶鞘中的卵块　6. 卵(放大)　7. 叶鞘上的产卵伤痕

图2.8　褐飞虱与白背飞虱

5. 稻叶蝉

稻叶蝉，属同翅目、叶蝉科。稻叶蝉主要危害水稻，也危害小麦、玉米、甘蔗等作物。稻叶蝉系小型昆虫，单眼 2 个，成虫体长 4～6 mm，呈黄绿色，在头冠两复眼间有一黑色横带，触角刚毛状，前足腿节膨大。后足胫节下方有 1～2 列短刺，善跳跃，喜横行。体色和翅式多样，前翅绿色，雄虫翅端、胸部和腹部腹面黑色，雌虫则为淡褐色。发育为不完全变态，刺吸式口器，以植物的汁液为食。种类较多，成虫外形似"小蝉"，故名稻叶蝉。如图 2.9 所示。

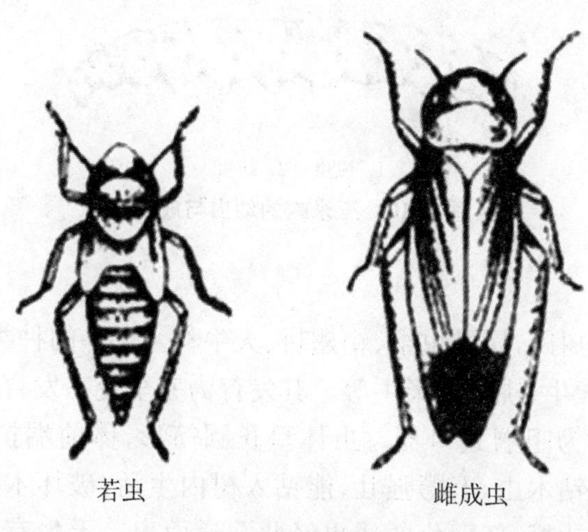

图 2.9　稻叶蝉

6. 玉米螟

玉米螟，又叫玉米钻心虫，属鳞翅目、螟蛾科。其发育为完全变态发育。成虫虫体呈黄褐色，体长 10～14 mm，翅展 20～30 mm，体背黄褐色，腹末较瘦尖，触角丝状，前翅黄褐色，有两条褐色波状横纹，两纹之间有两条黄褐色短纹，后翅灰褐色且有 2 条纹。卵呈椭圆形、黄白色。一般 20～60 粒粘在一起排列成不规则的鱼鳞状卵块。幼虫共 5 龄，老熟幼虫体长 20～30 mm，体背淡褐色，中央有一条明显的背线，腹部 1～8 节背面各有两列横排的毛瘤，前 4 个较大。蛹呈纺锤形、红褐色，长 15～18 mm，腹部末端有 5～8 根刺钩。玉米螟主要以幼虫为害。幼虫的口器为咀嚼式口器，成虫为虹吸式口器。初龄幼虫蛀食嫩叶形成排孔花叶。3 龄后幼虫蛀入茎秆，危害花苞、雄穗及雌穗，受害玉米营养及水分输导受阻，长势衰弱、茎秆易折，雌穗发育不良，影响结实。幼虫危害棉花，蛀入其嫩茎，使其上部枯死，同时蛀食棉铃引起落铃、腐烂及僵瓣。玉米螟幼虫与成虫如图 2.10 所示。

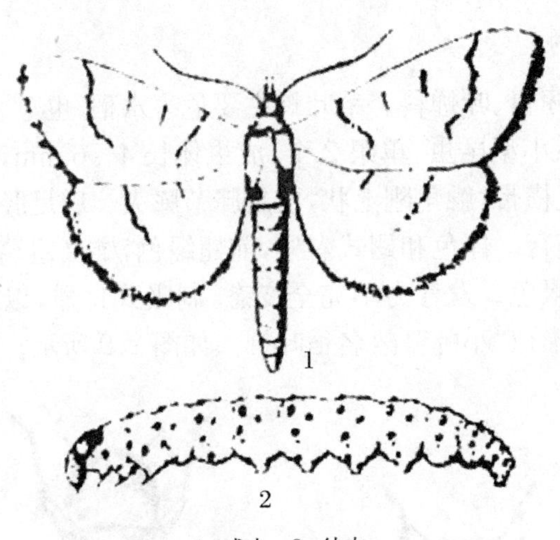

1. 成虫　2. 幼虫

图 2.10　玉米螟的幼虫与成虫

7. 天牛

天牛，又称锯树郎，属昆虫纲、鞘翅目、天牛科。天牛的种类繁多，主要有星天牛、褐天牛、桑天牛、桃红颈天牛等。其发育为完全变态发育。天牛的幼虫呈淡黄或白色，口器为咀嚼式口器。虫体呈长圆筒形，体前端扩展成圆形，似头状，故又俗称圆头钻木虫，上腭强壮，能钻入树内生活，破坏木材。化蛹前向外钻一孔道，在树内化蛹，新羽化的成虫经此孔道而出。天牛有三对足、两对翅。由于具有钻木习性，天牛主要危害木本植物，有些种类的天牛也危害禾本科植物，是农业、林业上的主要害虫。天牛成虫的触角鞭状，复眼肾形，前翅鞘翅，后翅膜质。体呈长圆筒形，背部略扁；触角着生在额的突起(称触角基瘤)上，具有使触角自由转动和向后覆盖于虫体背上的功能。爪通常呈单齿式，少数呈附齿式。除锯天牛类外，天牛中胸背板常具发音器。天牛幼虫体粗肥，呈长圆形、略扁，少数体细长。天牛头横阔或呈长椭圆形，常缩入前胸，背板很深。其中褐天牛与星天牛如图 2.11 所示。

8. 稻纵卷叶螟

稻纵卷叶螟，俗称包叶虫、裹叶虫、刮青虫等，为杂食性害虫，属鳞翅目、螟蛾科。其发育为完全变态发育，是一种能长距离迁徙的昆虫。幼虫口器为咀嚼式口器，成虫口器为虹吸式口器。成虫体翅密被鳞毛，体长约 7～9 mm，呈淡黄褐色，前翅有两条褐色横线，两线间有 1 条短线，外缘有暗褐色宽带，后翅有两条横线，外缘亦有宽带；雄蛾前翅前缘中部有闪光而凹陷的“眼点”，雌蛾前翅则无“眼点”。稻纵卷叶螟的卵长约 1 mm，呈椭圆形，扁平而中部稍隆起，初产白色透明，近孵化时淡黄色，被寄生卵为黑色。幼虫老熟时长约 14～19 mm，低龄幼虫为绿色,后转为黄绿色,成熟幼虫为橘红色。蛹长7~10 mm,初为黄色,后转为褐色,呈长圆筒形。如图2.12所示。

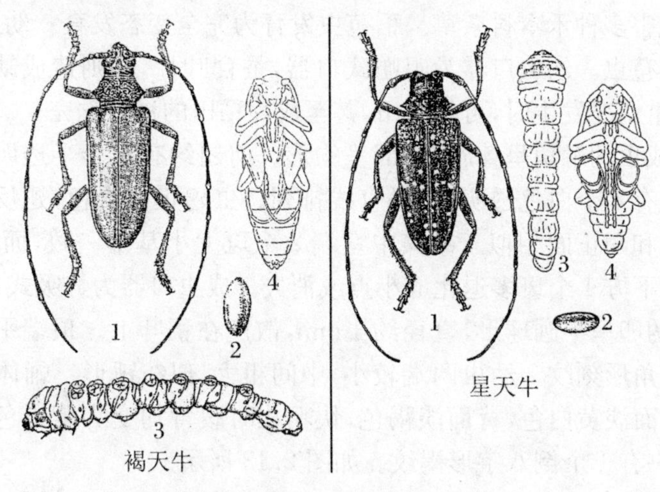

1. 成虫 2. 卵 3. 幼虫 4. 蛹　　1. 成虫 2. 卵 3. 幼虫 4. 蛹

图2.11 褐天牛与星天牛

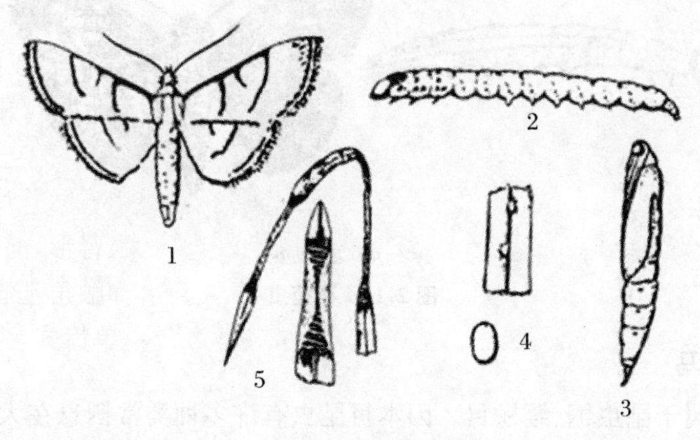

1. 雌成虫 2. 幼虫 3. 蛹 4. 产在叶片上的卵 5. 稻叶被害状

图2.12 稻纵卷叶螟

稻纵卷叶螟广泛分布于全国稻区,尤以南方稻区发生密度大,危害较重,主要危害水稻,其次是小麦、粟和甘蔗,也寄生在多种禾本科杂草上。幼虫纵卷稻叶结苞,啃食叶肉,仅留下一层白色表皮,严重时导致全叶枯白。水稻在分蘖期受害,影响其正常生长;在中后期受害,影响其产量最为明显;特别是在穗期剑叶受害,将造成秕谷率增加、千粒重降低,导致损失更重,故有"稻叶一刮白,产量减少一二百"的说法,说明了稻纵卷叶螟危害的严重性。

9. 稻苞虫

稻苞虫又名稻弄蝶、苞叶虫，属昆虫纲、鳞翅目、弄蝶科，种类较多，主要危害水稻，也危害多种禾本科杂草。稻苞虫发育为完全变态发育。幼虫吐丝缀叶成苞，故称稻苞虫。幼虫口器为咀嚼式口器，蚕食叶片，轻则造成缺口，重则吃光叶片。严重情况发生时，可将全田，甚至成片稻田的稻叶吃完。

稻苞虫成虫的触角呈棒状，尾部呈钩形。前翅约有 7 个半透明斑，呈半环形排列；后翅有 4 个白色透明斑，呈直线排列。虫翅正面褐色，翅反面色淡，被有黄粉，斑纹和翅正面相似。雄蝶中室端 2 个斑大小基本一致，而雌蝶上方 1 个斑会长大，下方 1 个斑多退化成小点或消失。成虫口器为虹吸式口器。

稻苞虫的卵呈半圆球形，直径约 1 mm，散产在稻叶上。顶端平，中间稍下凹，表面有六角形刻纹。幼虫两端较小，中间粗大，似纺锤形。蛹体长 25 mm，近圆筒形，腹面淡黄白色，背面淡褐色，快羽化时腹背均变为紫黑色，第 5、第 6 腹节腹面中央有 1 个倒八字形褐纹。如图 2.13 所示。

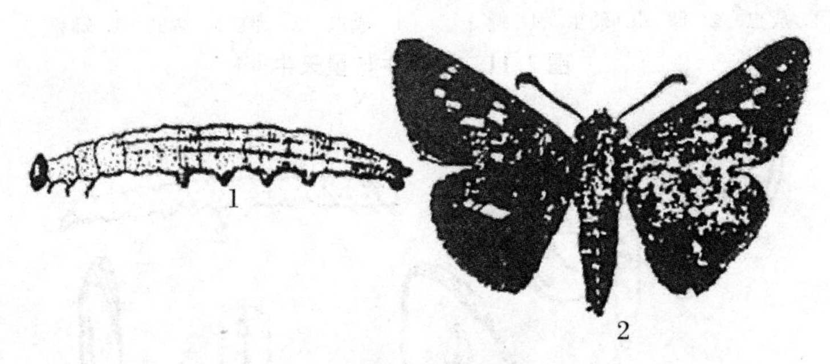

1. 幼虫　2. 成虫

图 2.13　稻苞虫

10. 蓟马

蓟马，属于昆虫纲、缨翅目。因本目昆虫有许多种类常栖息在大蓟、小蓟等植物的花中，行动敏捷，能飞善跳，故名蓟马。

体微小，体长 0.5～2 mm，很少超过 7 mm；呈黑色、褐色或黄色；头略呈后口式，口器为锉吸式口器，能挫破植物表皮吸允汁液；触角 6～9 节，线状，略呈念珠状，一些节上有感觉器；翅狭长，边缘有长而整齐的缘毛，脉纹最多有两条纵脉；足的末端有泡状的中垫，爪退化；雌性腹部末端呈圆锥形，腹面有锯齿状产卵器，或呈圆柱形，无产卵器。蓟马是一种靠植物汁液维生的昆虫，幼虫呈白色、黄色或橘色，成虫则呈棕色或黑色。进食时会造成叶子与花朵的损伤。

蓟马多生活在植物花中，取食花粉和花蜜，或以植物的嫩梢、叶片及果实为生，成为农作物、花卉及林果的一害，但也有许多种类栖息于林木的树皮与枯枝落叶下或草丛根际间，取食菌类的孢子、菌丝体或腐殖质。此外，还有少数捕食蚜虫、粉虱、蚧壳虫、螨类等，成为害虫的天敌。蓟马种类繁多，常见的有稻管蓟马、桑蓟马、瓜蓟马等。图2.14所示为稻管蓟马外形图。

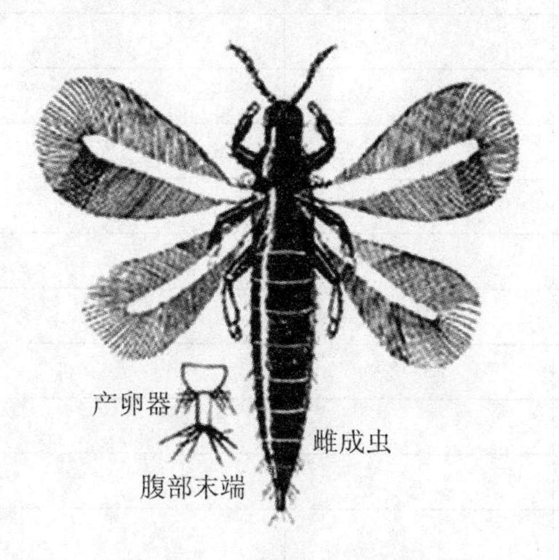

图2.14　稻管蓟马外形图

三、实训用具

显微镜、解剖镜、镊子、培养皿、标本、挂图及彩色图片等。

四、实训材料

蚜虫、盲蝽象、黏虫、稻飞虱、稻叶蝉、玉米螟、天牛、稻纵卷叶螟、稻苞虫、蓟马的标本或彩图及相关的教学挂图。

五、实训内容及方法

(1) 观察以上10种害虫的标本，结合挂图，认真观察每种害虫的形态特点，掌握其鉴别特征。
(2) 观察以上10种害虫的标本或彩图。

六、实训作业

根据教材中所讲的昆虫知识，对照实训中提供的昆虫图片或标本，将不同害虫的形态特点填入表2.2中，并进行比较。

表 2.2　10 种农业害虫形态结构特征表

害　虫	形态特点	主要危害作物	备　注
蚜虫			
盲蝽象			
黏虫			
稻飞虱			
稻叶蝉			
玉米螟			
天牛			
稻纵卷叶螟			
稻苞虫			
蓟马			

识别昆虫二

一、实训目的

通过认真观察，结合所学知识，能正确识别出蝼蛄、地老虎、金龟子、金针虫、棉红铃虫、菜粉蝶、红蜘蛛、潜叶蝇、蜘蛛、大豆食心虫 10 种常见农业害虫或林业害虫，并能说出或者写出其主要特征。

二、预备知识

1. 蝼蛄

蝼蛄为大型土栖昆虫，属昆虫纲、直翅目、蝼蛄科，发育为渐变态，一般夜间活动，有趋光性，口器为咀嚼式口器。蝼蛄的成虫体型狭长，头小，呈圆锥形。成虫为茶褐色，全身密被短小软毛。复眼小而突出，单眼 2 个，触角丝状。具翅 2 对，前翅革质，较短，长度只到腹部中央，略呈三角形；后翅大，膜质透明。翅脉网状，足 3 对，前足特化为开掘足，也叫挖掘足，适于挖掘洞穴隧道之用。后足腿节大，在胫节背侧内缘有 3～4 个能活动的刺。腹部呈纺锤形，背面棕褐色，腹面色较淡，呈黄褐色。末端 2 节的背面两侧有弯向内方的刚毛，最末节上有尾毛2根,伸出体外。

蝼蛄的卵呈椭圆形。初产时为黄白色,后变为黄褐色,孵化前呈深灰色。若虫形似成虫,体较小,初孵时体乳白色,2龄以后变为黄褐色,5、6龄后基本与成虫同。蝼蛄主要危害植物的幼苗。如图2.15所示。

图2.15　蝼蛄

2. 地老虎

地老虎为鳞翅目昆虫,发育为完全变态发育,分类上属于昆虫纲、鳞翅目、夜蛾科,种类很多,我国约有1600种,分布广泛,危害棉花、玉米、高粱、粟、麦类、薯类、豆类、麻类、苜蓿、烟草、甜菜、油菜、瓜类等多种作物。主要是其幼虫危害幼苗。幼虫将幼苗近地面的茎部咬断,使整株植株死亡,造成缺苗断垄,是危害最重的地下害虫。地老虎幼虫口器为咀嚼式口器,成虫口器为虹吸式口器。成虫体型为中到大型,粗壮。触角为丝状,前翅为三角形,后翅较宽。前翅褐色,前缘区黑褐色,外缘以内多暗褐色;基线浅褐色,黑色波浪形内横线双线,黑色环纹内有一圆灰斑,肾状纹黑色具黑边,其外中部有一楔形黑纹伸至外横线,中横线暗褐色波浪形,双线波浪形外横线褐色,亚外缘线与外横线间在各脉上有小黑点。如图2.16所示。

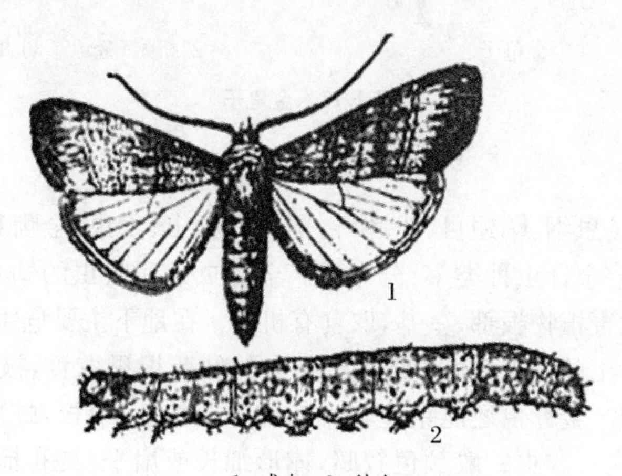

1. 成虫　2. 幼虫

图2.16　地老虎

3. 金龟子

金龟子属昆虫纲、鞘翅目、金龟子总科，是一类杂食性害虫，种类多且分布广，除危害梨、桃、李、葡萄、苹果、柑橘等果树外，还危害柳、桑、樟、女贞等林木。其发育为完全变态发育。

金龟子的幼虫叫蛴螬，俗称地狗子，口器为咀嚼式口器，是常见的地下害虫。金龟子的成虫一般雄大雌小，虫体多为卵圆形，触角鳃叶状，由9～11节组成，各节都能自由开闭。锤节的部分常呈多分叉状。前足为开掘足。体壳坚硬，表面光滑，多有金属光泽。前翅坚硬，后翅膜质。幼虫乳白色，体常弯曲呈马蹄形，背上多横皱纹，尾部有刺毛，生活于土中，体型肥大，啮食植物根、块茎或幼苗等地下部分，为主要的地下害虫。老熟幼虫在地下作茧化蛹。如图2.17所示。

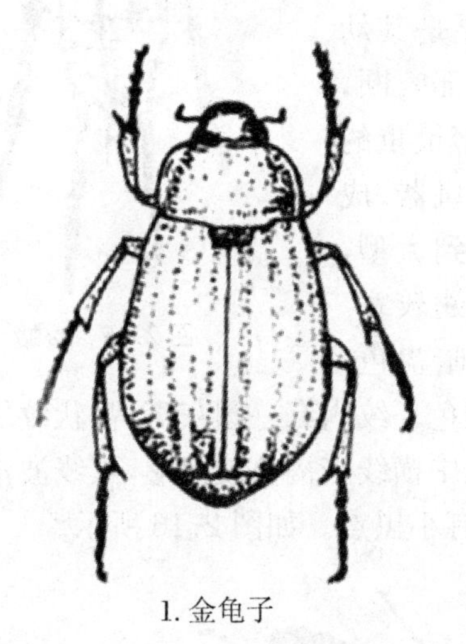

1. 金龟子

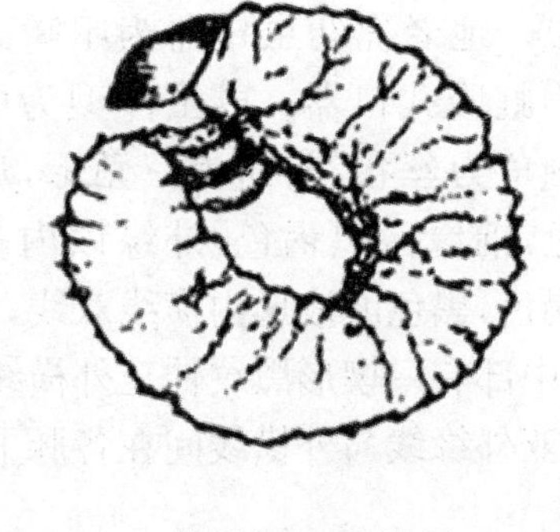

2. 蛴螬（金龟子幼虫）

图2.17 金龟子

4. 金针虫

金针虫属昆虫纲、鞘翅目、叩岬科，别名铁丝虫、姜虫、金齿耙等，其发育为完全变态发育。金针虫种类多、分布广。金针虫是叩头虫的幼虫，幼虫口器为咀嚼式口器，危害植物根部、茎基，取食有机质。在地下主要危害作物幼苗根茎部，可咬断刚出土的幼苗，也可外入已长大的幼苗根里取食，被害处不完全咬断，断口不整齐。金针虫还能钻蛀较大的种子及块茎、块根，蛀成孔洞，导致被害植株干枯死亡。成虫一般颜色较暗，体形细长或扁平，具有梳状或锯齿状触角。胸部下侧有一个爪，受压时可伸入胸腔。头部生有1对触角，胸部着生3对细长的足，前胸腹板具有1个突起，可纳入中胸腹板的沟穴中。头部能上下活动似叩头状，故俗称“叩头虫”。幼虫体细长25～30 mm，为金黄或茶褐色，并有光泽,故名“金针虫”。身体生有同色细毛,3 对胸足大小相同。如图 2.18 所示。

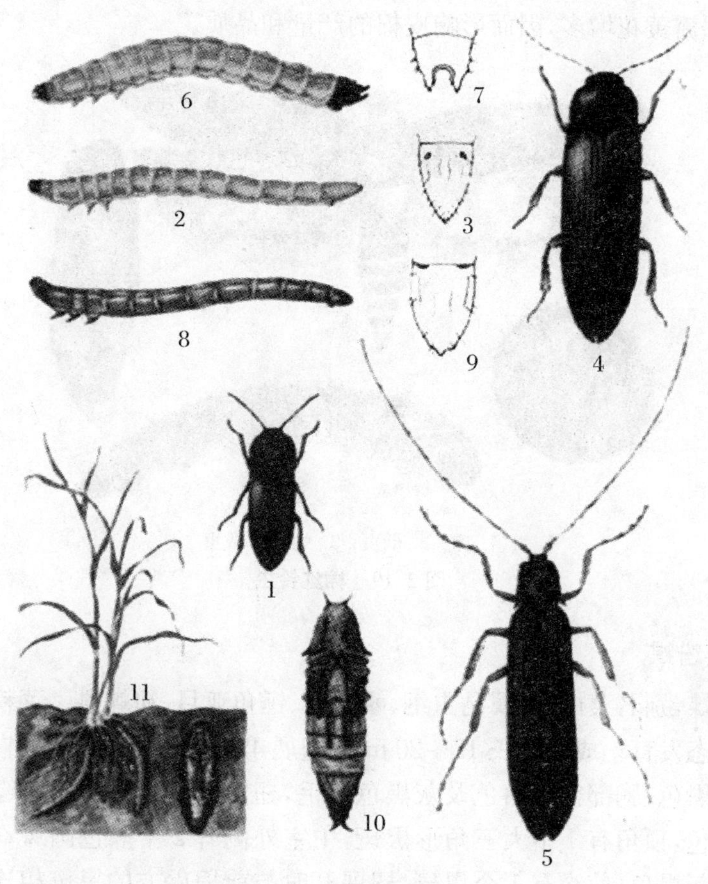

细腰金针虫:1. 成虫　2. 幼虫　3. 幼虫尾部特征
沟金针虫:4. 雌成虫　5. 雄成虫　6. 幼虫　7. 幼虫尾部特征
褐纹金针虫:8. 幼虫　9. 幼虫尾部特征　10. 金针虫蛹　11. 金针虫危害状

图 2.18　金针虫

5. 棉红铃虫

棉红铃虫又名红铃麦蛾,俗称花虫、红虫,属昆虫纲、鳞翅目、麦蛾科。棉红铃虫的发育为完全变态发育。

棉红铃虫成虫为棕黑色小蛾,口器为虹吸式口器,体长 6.5 mm,灰白色。翅展 12 mm,前翅尖叶形,有 4 条略宽的暗褐色横带,后翅菜刀形。前后翅缘毛均很长。卵呈椭圆形,初产时乳白色,孵化前粉红色。

幼虫体长 11～13 mm。初产时为黄白色,老熟时呈润红色。蛹呈长椭圆形,长 6～8 mm,黄褐色至棕褐色。蛹外有灰白色茧。幼虫口器为咀嚼式口器。

如图 2.19 所示。

棉红铃虫的幼虫危害棉花的蕾、花、铃和棉籽，造成棉花不能正常开放、蕾铃脱落、僵瓣黄花增多，因而影响皮棉的产量和品质。

1. 卵　2. 幼虫　3. 蛹　4. 成虫

图 2.19　棉红铃虫

6. 菜粉蝶

菜粉蝶，别名菜白蝶，属昆虫纲、鳞翅目、锤角亚目、粉蝶科。菜粉蝶的发育为完全变态发育。成虫体长 12～20 mm，翅展 45～55 mm，口器为虹吸式口器。菜粉蝶体黑色，胸部密被白色及灰黑色长毛，翅白色。雌虫前翅前缘和基部大部分为黑色，顶角有 1 个大三角形黑斑，中室外侧有 2 个黑色圆斑，前后并列。后翅基部灰黑色，前缘有 1 个黑斑，翅展开时与前翅后方的黑斑相连。随着生活环境的不同其色泽有深有浅，斑纹有大有小，通常在高温下生长的个体，翅面上的黑斑色深显著，而翅里的黄鳞色泽鲜艳；反之，在低温条件下发育成长的个体则黑鳞少而斑型小，或完全消失。

菜粉蝶的卵竖立，呈瓶状，高约 1 mm，初产时淡黄色，后变为橙黄色。菜粉蝶的幼虫叫菜青虫，口器为咀嚼式口器，体长 28～35 mm，幼虫初孵化时灰黄色，后变为青绿色，体圆筒形，中段较肥大，背部有一条不明显的断续黄色纵线，气门线黄色，每节的线上有两个黄斑。密布细小黑色毛瘤，各体节有 4～5 条横皱纹。蛹长 18～21 mm，呈纺锤形，体色有绿色、淡褐色、灰黄色等；背部有 3 条纵隆线和 3 个角状突起。头部前端中央有 1 个短而直的管状突起；腹部两侧也各有 1 个黄色脊，在第二、三腹节两侧突起成角。如图 2.20 所示。

菜粉蝶分布范围极广，全国各地均有分布，主要危害十字花科植物，尤以芥蓝、甘蓝、花椰菜等受害比较严重。幼虫咬食寄主叶片，2 龄前仅啃食叶肉，留下一层透明表皮,3 龄后蚕食叶片致孔洞或缺刻,严重时叶片全部被吃光,只残留粗叶脉和叶柄,造成绝产,易引起白菜软腐病的流行。

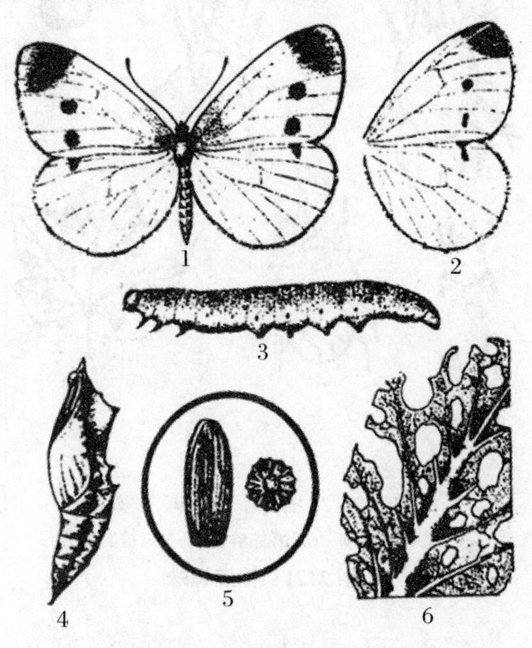

1. 雌成虫　2. 雄成虫前后翅　3. 幼虫
4. 蛹(侧面观)　5. 卵(放大)　6. 被害状

图 2.20　菜粉蝶

7. 红蜘蛛

红蜘蛛又名棉红蜘蛛,俗称大蜘蛛,学名叶螨,属蛛形纲、蜱螨目、叶螨科,分布广泛,成螨长 0.42～0.52 mm,体色变化大,一般为红色,体背两侧各有一块黑长斑。雌成螨深红色,体两侧有黑斑,体形呈椭圆形。生活史一般包括卵、幼虫、若虫、成虫四个时期。卵圆球形,光滑,幼螨近圆形,有3对足。越冬代幼螨红色,非越冬代幼螨黄色,体两侧有黑斑。若螨有 4 对足,体侧有明显的块状色素。如图 2.21 所示。

红蜘蛛主要危害茄科、葫芦科、豆科、百合科等多种蔬菜作物,以刺吸式口器吮吸植物汁液来危害植物。

8. 潜叶蝇

潜叶蝇,又叫夹叶虫,属双翅目、潜叶蝇科,种类多且分布广。幼虫口器为咀嚼式口器;成虫口器为舐吸式口器。成虫体长 4～6 mm,灰褐色。雄蝇前缘下面有毛,腿、胫节呈灰黄色,跗节呈黑色,后足胫节有 3 根后鬃。卵为长圆形,虫体呈圆筒形,外形似蛆,蛹为围蛹。长卵形略扁。如图 2.22 所示。

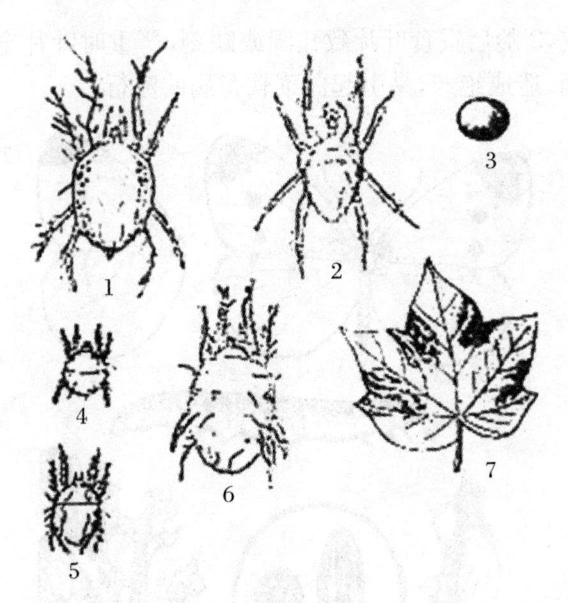

1. 雌成螨 2. 雄成螨 3. 卵 4. 幼螨
5. 第一龄若螨 6. 第二龄若螨 7. 被害叶片

图 2.21 棉红蜘蛛

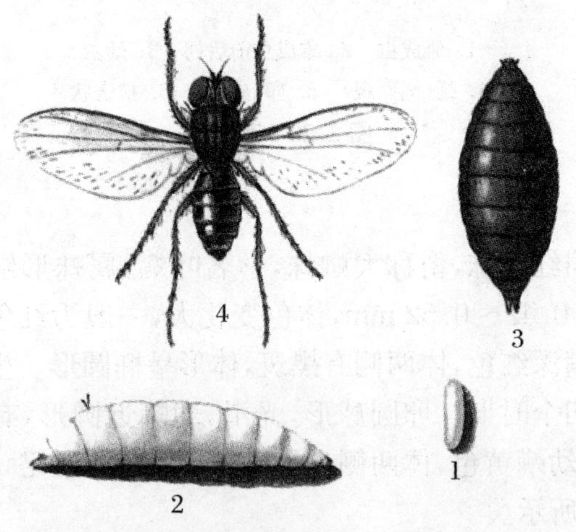

1. 卵 2. 幼虫 3. 蛹 4. 成虫

图 2.22 潜叶蝇

潜叶蝇种类繁多,多以幼虫潜入叶肉钻蛀为害,潜道纵横交错,叶肉被吃光,从而引起植物叶片枯萎。另外,雌虫用产卵器刺破叶组织产卵,以及雌雄成虫吸食叶片汁液,在叶片上形成许多白点及条斑。当叶内幼虫较多时,将使整个叶体发白和腐烂,并引起全株枯死,影响作物产量和品质。

9. 蜘蛛

蜘蛛,又名圆蛛,属节肢动物门、蛛形纲、蛛形目。平常所说的蜘蛛,通常是蛛形目的总称。蜘蛛体长从 0.05～60 mm 不等,身体分头胸部和腹部两部分。头胸部背面有背甲,背甲的前端通常有 8 个单眼,排成 2～4 行。无复眼。腹面有一片大的胸板,胸板前方中间有下唇。头胸部有 6 对附肢:1 对螯肢、1 对触肢和 4 对步足。螯肢由螯基和螯牙两部分构成。触肢共 6 节,雌蛛触肢足状,雄蛛触肢变成交接器,末节(跗节)膨大成触肢器。步足在胫节和跗节之间有后跗节,共 7 节。无触角,无翅。腹部多为圆形或卵圆形,不分节,有的具有各种突起。腹部腹面具有纺器。纺器上有纺管,内连丝腺。如图 2.23 所示。蜘蛛雌雄异体,雄体小于雌体。

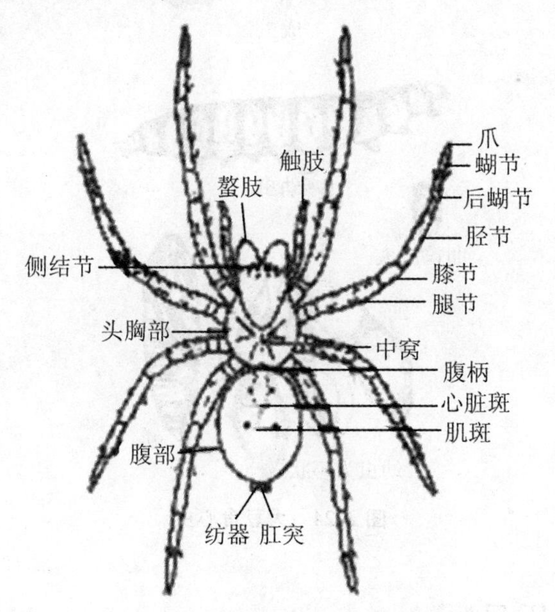

图 2.23　蜘蛛背面模式图(雌性)

蜘蛛不仅种类多,而且分布范围广,世界上大多数地区都有分布。对人类而言,蜘蛛既有益又有害,但就其贡献而言,其可称作益虫。例如,蜘蛛在农田中捕食的大多是农作物的害虫。同时许多中药中,都有蜘蛛入药,因此,保护和利用蜘蛛具有重要的意义。毒蜘蛛会对人类的安全产生威胁,部分蜘蛛也会危害农作物。

10. 大豆食心虫

大豆食心虫,属昆虫纲、鳞翅目、小卷蛾科,俗称大豆蛀荚虫、小红虫,是大豆害虫。

成虫体长 5～6 mm,翅展 12～14 mm,呈黄褐至暗褐色。前翅前缘有 10 条左右黑紫色短斜纹，外缘内侧中央银灰色，有3个纵列紫斑点。雄蛾前翅色较淡，有翅缰1根，腹部末端较钝。雌蛾前翅色较深，有翅缰3根，腹部末端较尖。卵呈扁椭圆形，长约0.5 mm，橘黄色。幼虫体长8～10 mm，初孵时乳黄色，老熟时变为橙红色。蛹长约6 mm，红褐色。腹末有8～10根锯齿状尾刺。

大豆食心虫的食性较单一，主要危害大豆，幼虫通常蛀入豆荚咬食豆粒。被害豆粒咬成沟道或残破状。如图2.24所示。

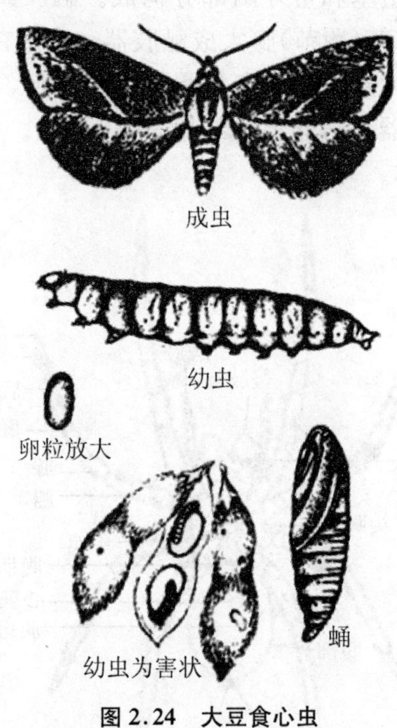

图2.24 大豆食心虫

三、实训用具

显微镜、解剖镜、镊子、培养皿、标本、挂图等。

四、实训材料

蝼蛄、地老虎、金龟子、金针虫、棉红铃虫、菜粉蝶、红蜘蛛、潜叶蝇、蜘蛛、大豆食心虫的标本、彩图、教学挂图。

五、实训内容及方法

1. 观察以上 10 种害虫的标本，结合挂图，认真识别每种害虫的形态特点，掌握并鉴别特征。

2. 观察以上 10 种害虫的标本或彩图。

六、实训作业

根据教材中所讲的昆虫知识，对照实训中提供的昆虫图片或标本，将不同害虫的形态特点、主要危害的作物填入表 2.3 中。

表 2.3　10 种害虫和形态结构特点表

害　虫	形态结构特点	主要危害农作物	备　注
蝼蛄			
地老虎			
金龟子			
金针虫			
棉红铃虫			
菜粉蝶			
红蜘蛛			
潜叶蝇			
蜘蛛			
大豆食心虫			

识别昆虫三

一、实训目的

通过认真观察，结合所学的相关知识，能正确识别出七星瓢虫、草蛉、蝗虫、桃小食心虫、蚧壳虫、梨木虱、潜叶蛾、茶尺蠖、美国白蛾、松毛虫等 10 种常见农业害虫或林业害虫。

二、预备知识

1. 七星瓢虫

七星瓢虫，别名“花大姐”，属鞘翅目、瓢虫科。身体卵圆形，背部拱起，腹面扁平，呈水瓢状。背部常具有鲜明的色斑。七星瓢虫则以鞘翅上有 7 个黑色斑点而得名。体长 6.5～7.5 mm。翅鞘呈红色，左右两侧各有 3 个黑点，前方接合处有一个更大的黑点。

头黑色、复眼黑色，内侧凹入处各有 1 淡黄色点。触角褐色，口器黑色，上额外侧为黄色。前胸背板黑色，前上角各有 1 个较大的近方形的淡黄色色斑。小盾片黑色。鞘翅为红色或橙黄色，两侧共有 7 个黑斑；翅基部在小盾片两侧各有 1 个三角形白斑。体腹及足为黑色。如图 2.25 所示。

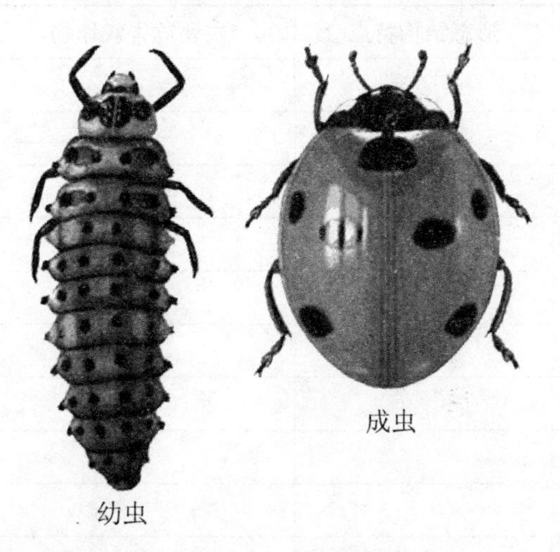

图 2.25　七星瓢虫

七星瓢虫的口器是咀嚼式口器，在我国各地广泛分布，是我国农田的益虫。幼虫、成虫可捕食蚜虫等农业害虫。其发育需要经卵、幼虫、蛹、成虫四个阶段，其发育为完全变态发育。

2. 草蛉

草蛉，属昆虫纲、脉翅目、草蛉科。体细长，约 10 mm。体表为绿色，复眼有金色闪光，触角细长丝状。翅阔，有网头脉，透明。常飞翔于草木间，在树叶上或其他平滑的光洁表面产卵。卵黄色，有丝状长柄。幼虫纺锤状，在树叶间捕食蚜虫，也称“蚜狮”。其口器为咀嚼式口器。草蛉是害虫的重要天敌。20 世纪 70 年代，通过人工饲养使其大量繁殖，以防治棉铃虫、蚜虫等农业害虫，获得了成功。如图 2.26 所示。

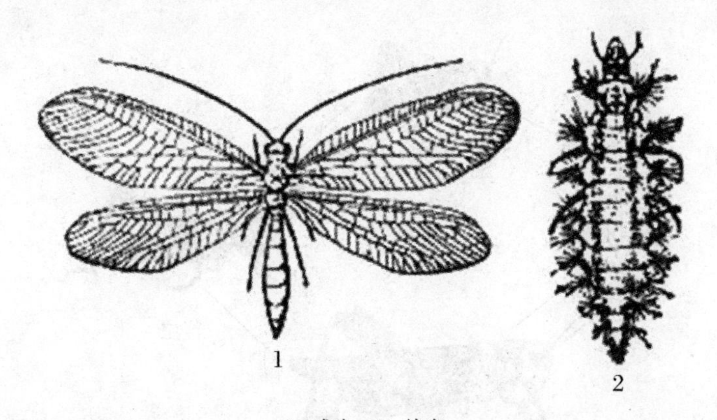

1. 成虫　2. 幼虫

图 2.26　中华草蛉

3. 蝗虫

蝗虫属昆虫纲、直翅目、蝗科，俗称“蚱蜢”，种类多，且分布广。身体分头、胸、腹三部分。蝗虫体形为中形或大形，口器为咀嚼式口器。触角线状，通常为绿色、灰色、褐色或黑褐色。蝗虫头部较大。前胸发达，中后胸愈合。前瞻翅革质，狭长；后翅膜质，宽大，休息时呈扇头褶迭在前翅下，后足腿节粗壮，适于跳跃。其发育为渐变态发育。头部触角、触须、腹部的尾须以及腿上的感受器都可感受触觉。味觉器在口器内，触角上有嗅觉器官。第一腹节的两侧或前足胫节的基部有鼓膜，主管听觉。复眼主管视觉，可以辨别物体大小；单眼主管感光。雄虫以左右翅相摩擦或以后足腿节的音锉摩擦前翅的隆起脉而发音。蝗虫示意图如图 2.27 所示。蝗虫的发育为完全变态发育，如图 2.28 所示。

蝗虫可对农业、牧业造成不同程度危害。蝗虫以咀嚼式口器啃食植物叶片，大规模爆发时可严重危害农作物、牧草及树木，直接影响农、牧业的生产。

图 2.27　蝗虫

4. 桃小食心虫

桃小食心虫，又名桃蛀果蛾、苹果食心虫、桃小卷叶蛾等，属昆虫纲、鳞翅目、果蛀蛾科、小食心虫属，是一种重要的果树害虫，主要危害桃、苹果、梨、花红、山楂和酸枣等果树的果实。

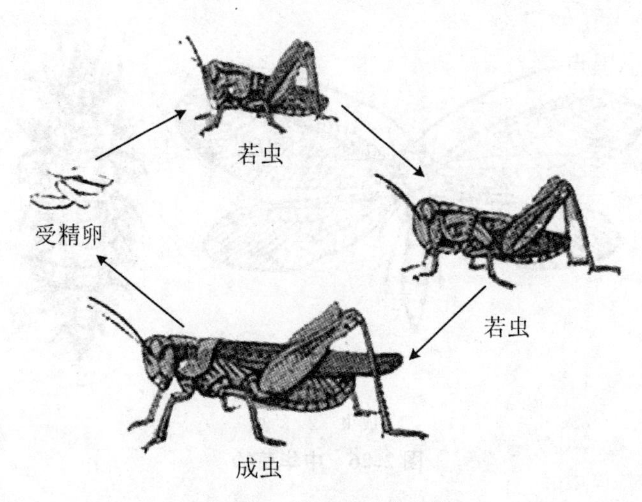

图 2.28　蝗虫的变态发育

桃小食心虫成虫体灰白或灰褐色，雌虫体长 5～8 mm、翅展 16～18 mm，雄虫略小。复眼红褐色。雌虫唇须较长且向前直伸，雄虫唇须较短并向上翘。前翅中部近前缘处有近似三角形蓝灰色大斑，近基部和中部有 7～8 簇黄褐或蓝褐斜立的鳞片。后翅灰色，缘毛长，浅灰色。雄虫有 1 根翅缰，雌虫有 2 根。卵呈椭圆形或桶形，初产卵为橙红色，渐变为深红色。幼虫体长 13～16 mm，体表为桃红色，腹部色淡，无臀栉，头黄褐色，前胸盾黄褐至深褐色，臀板黄褐色或粉红色。蛹长 6.5～8.6 mm，刚化蛹时黄白色，近羽化时灰黑色，蛹壁光滑无刺。茧分冬、夏两型。冬茧扁圆形，直径 6 mm，长 2～3 mm，茧丝紧密，包被老龄休眠幼虫；夏茧长纺锤形，长 7.8～13 mm，茧丝松散，包被蛹体，一端有羽化孔。如图 2.29 所示。

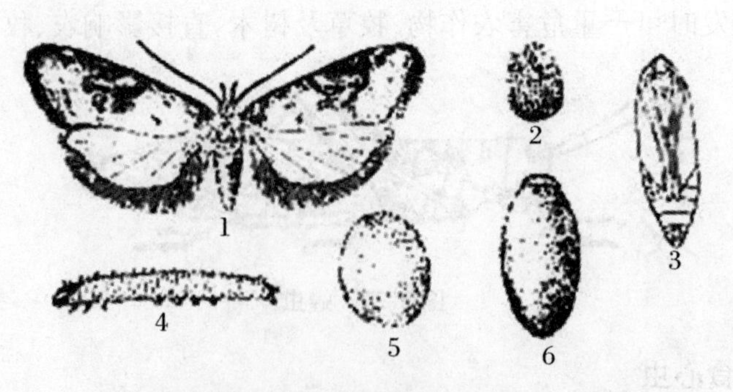

1. 成虫　2. 卵　3. 蛹　4. 幼虫　5. 冬茧　6. 夏茧

图 2.29　桃小食心虫

幼虫孵化后，在果实的表面爬行，寻找合适的部位蛀入果实，一般多从果实的胴部或顶部蛀入，经过 2～3 天，从蛀入孔流出水珠状半透明的果胶滴，不久胶滴干涸，在蛀入孔处留下一小片白色蜡质物。随着果实的生长，蛀入孔愈合成一针尖大的小黑点，周围的果皮略呈凹陷。幼虫蛀果后，在皮下及果内纵横潜食，果面上显出凹陷的潜痕，明显变形，称为"猴头果"。近成熟果实受害，一般果实形状不变，但果内的虫道中充满红褐色的虫粪，即形成所谓的"豆沙馅"。幼虫老熟后，在果实面咬一直径 2～3 mm 的圆形脱落孔，落地入土。桃小食心虫为完全变态发育，幼虫口器为咀嚼式口器，成虫口器为虹吸式口器。

5. 蚧壳虫

蚧壳虫，属昆虫纲、同翅目，是蚧总科昆虫的总称。体节愈合难分，体外被有蜡质的粉末或坚硬的蜡块，有的以特殊的介壳以保护虫体。一般为圆形、椭圆形或圆球形。雌虫无翅，足、眼和触角退化消失，口器为刺吸式口器。卵通常埋在蜡丝块中或雌虫分泌的介壳下。雄虫有一对柔翅，后翅特化为平衡棒，足和触角发达，无口器。

介壳虫种类多、分布广，一般危害农作物叶片、枝条和果实。雌虫和幼虫一经羽化，终生寄居在枝叶或果实上，造成叶片发黄、枝梢枯萎、树势衰退，并且易诱发煤烟病。如图 2.30 所示。

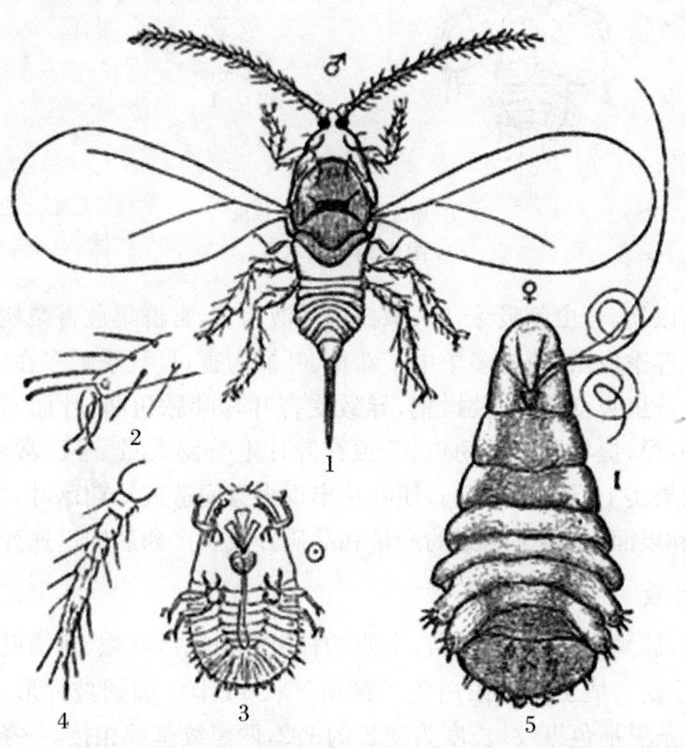

1. 成虫(雄)　2. 足端部放大　3. 若虫　4. 腹端部放大　5. 成虫(雌)

图 2.30　蚧壳虫

6. 梨木虱

梨木虱，属同翅目、木虱科，是梨树主要害虫之一。其口器为刺吸式口器。成虫分冬型和夏型，冬型体长 2.8～3.2 mm，体呈褐色至暗褐色，具有黑褐色斑纹。如图 2.31 所示。夏型成虫体略小，体呈黄绿色，翅上无斑纹，复眼黑色，胸背有 4 条红黄色或黄色纵条纹。卵呈长圆形，初时淡黄白色，后黄色，一端尖细，具一细柄。若虫呈扁椭圆形，浅绿色，复眼红色，翅芽淡黄色，突出在身体两侧。体背褐色，其中有红绿斑纹相间。

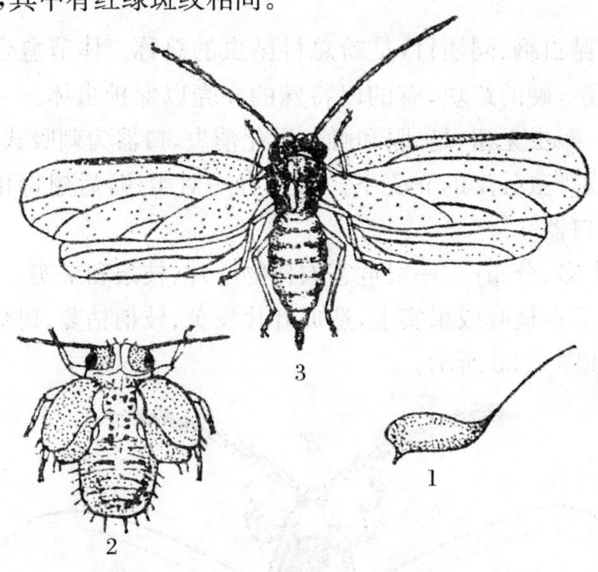

1. 卵　2. 幼虫　3. 成虫

图 2.31　梨木虱

梨木虱以幼、若虫刺吸芽、叶、嫩枝梢汁液为害，常群集危害梨树的嫩芽、新梢和花蕾。春季成虫、若虫多集中于新梢、叶柄为害，夏秋季则多在叶背吸食为害。成虫及若虫吸食芽、叶及嫩梢，导致受害叶片叶脉扭曲，叶面皱缩，产生枯斑，并逐渐变黑，提早脱落。幼虫、若虫在叶片上分泌大量黏液，常使叶片黏在一起或黏在果实上，诱发煤烟病，使叶片出现褐斑而造成早期落叶，同时招致杂菌，污染叶和果面，严重影响梨的产量和品质。成虫产卵后即迅速死亡。

7. 潜叶蛾

潜叶蛾，属鳞翅目、潜叶蛾科，主要的种类有柑橘潜叶蛾、桃潜叶蛾等，种类繁多，分布广泛。成虫通体银白色。触角丝状 14 节。前翅披针形，缘毛较长，翅基部有 2 条黑褐色纵纹，长度为翅长的 1/2，两黑纹基部相接，一条靠翅前缘，另一条位于翅中央，2/3 处有“Y”形黑斑纹，顶角有一大圆形黑斑，斑前有一小白斑点。后翅针叶形，缘毛较前翅长。足银白色，胫节末端有 1 个大距。

潜叶蛾卵扁圆形，长 0.3～0.4 mm，白色，透明。幼虫虫体扁平，呈纺锤形，黄绿色，头部尖，足退化，腹部末端尖细，具有 1 对细长的尾状物。蛹扁平，纺锤形，长 3 mm 左右，初为淡黄色，后变为深褐色。腹部可见 7 节，第 1 节前缘的两侧及第 2 至第 6 节两侧中央各有 1 瘤状突起，上生 1 长刚毛；末节后缘两侧各有 1 个明显肉刺。蛹外有薄茧，茧金黄色。如图 2.32 所示。

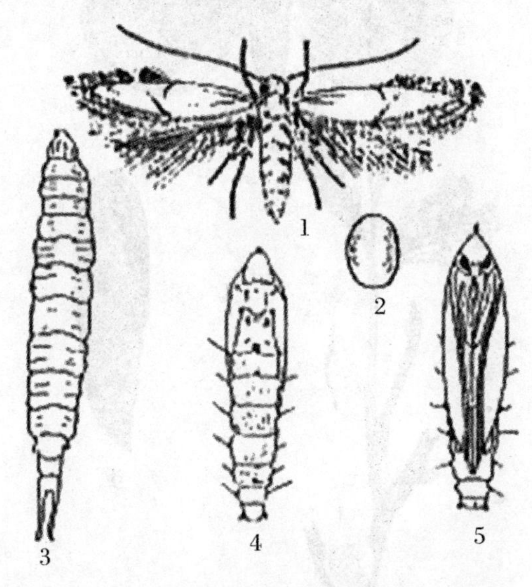

1. 成虫　2. 卵　3. 幼虫　4. 蛹背面　5. 蛹腹面

图 2.32　柑橘潜叶蛾

潜叶蛾幼虫危害柑橘等植物的新梢嫩叶，其潜入表皮下取食叶肉，掀起表皮，形成银白色弯曲的隧道。内留有虫粪，在中央形成一条黑线，由于虫道蜿蜒曲折，导致新叶卷缩、硬化，叶片脱落。常诱发溃疡病，给盾蚧、粉蚧等害虫提供了良好的过冬场所。

8. 茶尺蠖

茶尺蠖属昆虫纲、鳞翅目、尺蠖蛾科。幼虫体表较光滑，爬行时体躯一屈一伸，俗称拱背虫、量尺虫、搭桥虫、吊丝虫等。一般喜栖在叶片边缘，是茶园中发生最普遍、危害最严重的种类之一。

成虫体长约 11 mm，翅展约 25 mm。体翅灰白，翅面散生茶褐至黑褐色鳞粉，前翅内横线、中横线、外磺线及亚外缘线处共有 4 条黑褐色波状纹，外缘有 7 个小黑点。后翅线纹与前翅隐约相连。外缘有 5 个小黑点。卵椭圆形，呈鲜绿至灰褐色，常数十至百余粒堆成卵块，并覆有灰白色丝絮。成熟幼虫体长 26～30 mm，呈黄褐、灰褐至赭褐色，第 2～4 腹节背面有隐约的菱形花纹，第 8 腹节背面有一明显的倒“八”字形黑纹。蛹长约 12 mm，呈红褐色，第 5

腹节两侧有一眼形斑。如图 2.33 所示。

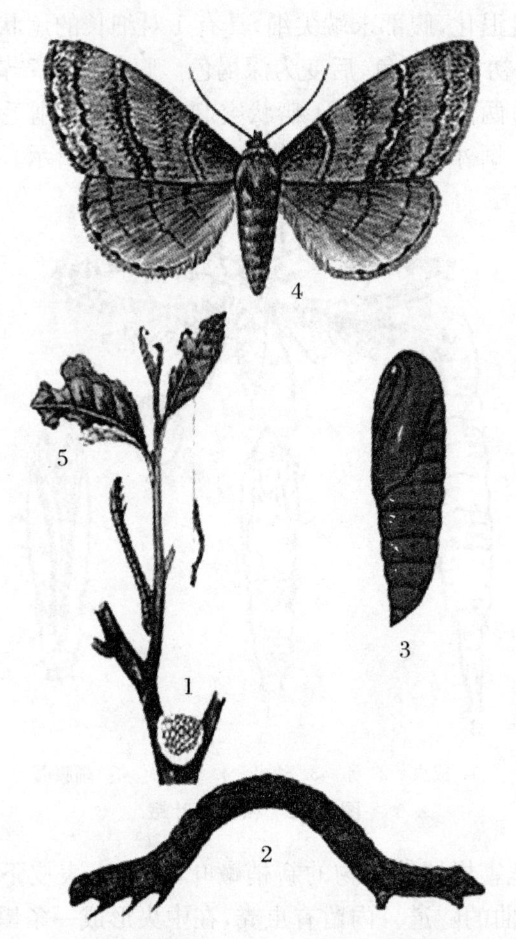

1. 卵 2. 幼虫 3. 蛹 4. 成虫 5. 受害植株

图 2.33 茶尺蠖

茶尺蠖幼虫的口器为咀嚼式口器，成虫的口器为虹吸式口器。幼虫啃食茶树叶片，严重时可使枝梗光秃，状如火烧，导致无茶可采。

9. 美国白蛾

美国白蛾属鳞翅目、灯蛾科、白蛾属，又名美国灯蛾、秋幕毛虫、秋幕蛾。成虫为白色中型蛾子，体长 13～15 mm。复眼黑褐色，口器短而纤细；胸部背面密布白色绒毛，多数个体腹部白色，无斑点，少数个体腹部黄色，上有黑点。雄成虫触角黑色，栉齿状；翅展 23～34 mm，前翅散生黑褐色小斑点。雌成虫触角褐色，锯齿状；翅展 33～44 mm，前翅纯白色，后翅通常也为纯白色。

卵呈圆球形，直径约 0.5 mm，初产卵浅黄绿色或浅绿色，后变为灰绿色，孵化前变为灰褐色，有较强的光泽。卵单层排列成块，覆盖白色鳞毛。幼虫头黑色，具光泽，老熟幼虫体长 28～35 mm，体黄绿色至灰黑色，背部毛瘤黑色，体侧毛瘤多为橙黄色，毛瘤上着生白色长毛丛。腹足外侧为黑色。根据幼虫的形态，可分为黑头型和红头型两型，其在低龄时就明显可以分辨。3 龄后，更易从体色、色斑、毛瘤及其上的刚毛颜色上区别。蛹长 8～15 mm，暗红褐色，腹部各节除节间外，布满凹陷刻点；臀刺 8～17 根，每根钩刺的末端呈喇叭口状，中凹陷。如图 2.34 所示。

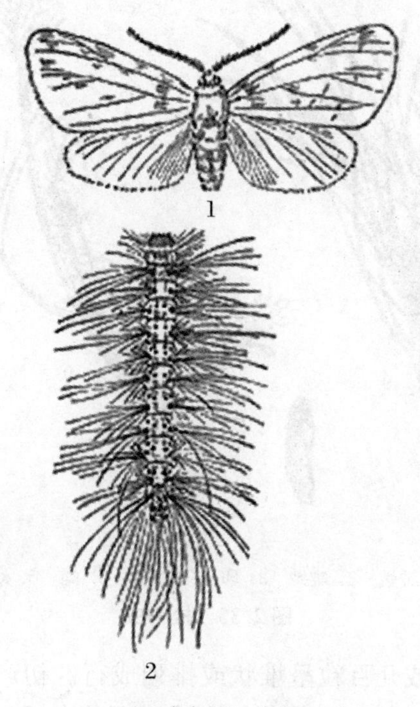

1. 成虫　2. 幼虫

图 2.34　美国白蛾

美国白蛾原产北美洲，广泛分布在美国、加拿大等地区，具有食性杂、繁殖能力强、传播途径广、适应性强等特点。1979 年在我国的辽宁省首次被发现，其幼虫食性很杂，被害植物主要有白腊、臭椿、桑树、苹果树、海棠树、桃树、榆树、柳树等多种。初孵幼虫有吐丝结网、群居的习性，每株树上多达几百只、上千只幼虫，常把树木叶片蚕食一光，严重影响树木生长。美国白蛾是世界性检疫害虫，我国也已将之列为全国农、林业植物检疫性害虫。

10. 松毛虫

松毛虫，又名毛虫、火毛虫，古称松蚕，属鳞翅目、枯叶蛾科，种类繁多。通常我们所说的松毛虫是指鳞翅目、枯叶蛾、科松毛虫属昆虫的统称。松毛虫成虫呈枯叶色，口器为虹吸式口器。雄蛾触角近乎羽状，雌蛾呈短栉状。阳具尖刀状，表面多有小刺，抱器发达。如图 2.35 所示。

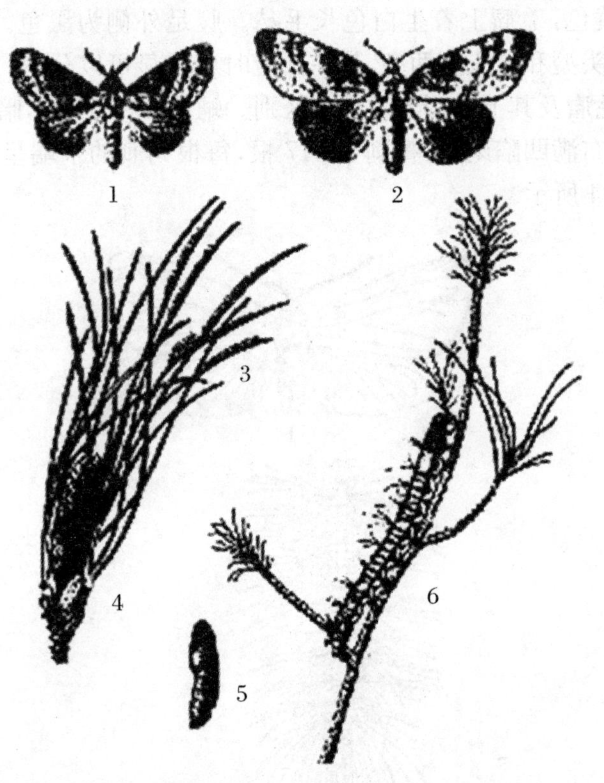

1. 雄蛾　2. 雌蛾　3. 卵子　4. 茧　5. 蛹　6. 幼虫

图 2.35　松毛虫

松毛虫卵几十粒或几百粒呈堆状或排列成行。初产为黄色、淡绿，渐变为粉红和紫褐色。幼虫口器为咀嚼式口器，背面具有长毛，中、后胸有毒毛。末龄幼虫体长 47～100 mm。体色有棕红、灰黑、黑褐、烟黑、灰褐等色，花斑明显或不明显，两侧有长毛，全体满布白、黑、棕色长毛或短毛。

松毛虫主要危害松科、柏科植物。至今，松毛虫仍是森林害虫中发生量大、危害面广的主要害虫。安徽省省鸟灰喜鹊即为松毛虫的天敌之一。

三、实训用具

显微镜、解剖镜、镊子、培养皿、标本、挂图等。

四、实训材料

七星瓢虫、草蛉、蝗虫、桃小食心虫、蚧壳虫、梨木虱、潜叶蛾、茶尺蠖、美国白蛾、松毛虫的标本或彩图。

五、实训内容

(1) 观察以上10种害虫的标本,结合挂图,认真观察10种害虫的形态结构特点,掌握并鉴别其特征。

(2) 观察以上10种害虫的标本或彩图。

六、实训作业

根据教材中所讲的昆虫知识,对照实训中提供的昆虫图片或标本,将不同害虫的形态特点填入表2.4中,并进行比较。

表2.4 10种害虫形态特征比较表

害　虫	形态结构特点	主要危害作物	备　注
七星瓢虫			
草蛉			
蝗虫			
桃小食心虫			
蚧壳虫			
梨木虱			
潜叶蛾			
茶尺蠖			
美国白蛾			
松毛虫			

识别昆虫四

一、实训目的

根据所提供的昆虫标本或者图片,能正确、快速识别30种农业害虫或林业害虫。

二、实训用具

30种常见的农业或林业害虫的实物标本或图片。

三、实训步骤

(1) 编号:给30种农林害虫标本或图片随机依次编号。

(2) 随机抽取:从上述已编号的30种农林害虫标本或者图片中随机抽取20种进行组题。

(3) 调整:在随机抽取的基础上,考虑到不同类别昆虫标本或图片的搭配,对所组题目进行适当的调整。

(4) 学生辨认并写出与该标本或图片编号对应的昆虫名称和主要特征。

(5) 评判:实训老师对学生的回答做出正确与否的判断,并根据对口招生考试技能测试评分标准给出恰当的成绩,

附2.2 安徽省2017年对口招生考试技能测试项目——"识别昆虫"评分标准

1. 写对20种昆虫名称的得100分。
2. 本项目测试分值100分,测试时间30 min。

实训三　识别常见的植物病害[①]

水稻主要病害识别

一、实训目的

识别水稻主要病害的症状及病原菌的一般特征。

二、预备知识

1. 水稻稻瘟病

水稻稻瘟病发生于三叶前，由种子带菌所致。

病苗基部灰黑，上部变褐，卷缩而死，湿度较大时病部产生大量灰黑色霉层。如图2.36所示。

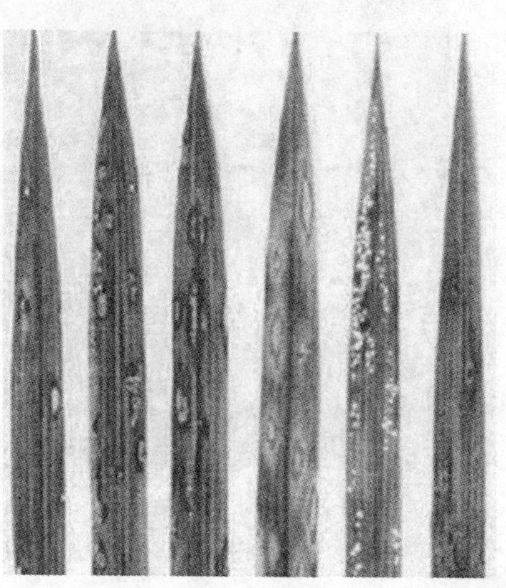

图2.36　水稻稻瘟病

① 对口招生考试技能测试项目。

(1) 叶瘟:分蘖至拔节期危害较重。开始在叶上产生暗绿色小斑,逐渐扩大为梭形斑,常有延伸的褐色坏死线。病斑中央灰白色,边缘褐色,外有淡黄色晕圈,潮湿时叶背有灰色霉层,病斑较多时连片形成不规则大斑。

(2) 节瘟:常在抽穗后发生,初在稻节上产生褐色小点,后渐绕节扩展,使病部变黑,易折断。

(3) 穗颈瘟:初形成褐色小点,发展后使穗颈部变褐,也造成枯白穗。

(4) 谷粒瘟:产生褐色椭圆形或不规则斑,可使稻谷变黑。有的颖壳无症状,护颖受害变褐,使种子带菌。

2. 水稻纹枯病

水稻纹枯病又称云纹病。苗期至穗期都可发病。叶鞘染病在近水面处产生暗绿色水浸状边缘模糊小斑,后渐扩大呈椭圆形或云纹形,中部呈灰绿或灰褐色,湿度低时中部呈淡黄或灰白色,中部组织破坏呈半透明状,边缘暗褐。发病严重时数个病斑融合形成大病斑,呈不规则状云纹斑,常致叶片发黄枯死。叶片染病,病斑也呈云纹状,边缘褪黄,发病快时病斑呈污绿色,叶片很快腐烂。茎秆受害,症状似叶片,后期呈黄褐色,易折。穗颈部受害,初为污绿色,后变灰褐,常不能抽穗,抽穗的秕谷较多,千粒重下降。湿度大时,病部长出白色网状菌丝,后汇聚成白色菌丝团,形成菌核,菌核深褐色,易脱落。高温条件下病斑上产生一层白色粉霉层,即病菌的担子和担孢子。如图 2.37 所示。

图 2.37　水稻纹枯病

3. 水稻稻曲病

水稻稻曲病又称伪黑穗病、绿黑穗病、谷花病、青粉病,俗称“丰产果”。该病只发生于穗部,危害部分谷粒。受害水稻稻曲病的表现症状为谷粒内形成菌丝块，逐渐膨大，内外颖裂开，露出淡黄色块状物，即孢子座，后包于内外颖两侧，呈黑绿色，初外包一层薄膜，后破裂，散生墨绿色粉末，即病菌的厚垣孢子，有的两侧生黑色扁平菌核，遇风吹雨打易脱落。如图 2.38 所示。

图 2.38　水稻稻曲病

4. 水稻恶苗病

水稻恶苗病又称徒长病，中国各稻区均有发生。病稻谷粒播后常不发芽或不能出土。苗期发病病苗比健苗细高，叶片叶鞘细长，叶色淡黄，根系发育不良，部分病苗在移栽前死亡。在枯死苗上有淡红或白色霉粉状物，即病原菌的分生孢子。湿度大时，枯死病株表面长满淡褐色或白色粉霉状物，后期生黑色小点即病菌囊壳。病轻的提早抽穗，穗形小而不实。抽穗期谷粒也可能受害，严重的变褐，不能结实，颖壳夹缝处生淡红色霉，病轻不表现症状，但内部已有菌丝潜伏。如图 2.39 所示。

图 2.39　水稻恶苗病

5. 水稻白叶枯病

秧苗在低温下不显症状，高温下秧苗病斑呈短条状，小而狭，扩展后叶片很快枯黄凋萎。

(1) 叶缘型：一种慢性症状，先从叶缘或叶尖开始发病，为暗绿色水渍状短线病斑，最后粳稻上的病斑变灰白色，籼稻上的病斑为橙黄色或黄褐色，病健部位交界线明显。

(2) 青枯型：一种急性症状。植株病感后，尤其是茎基部或根部受伤而染病，叶片呈现失水青枯，没有明显的病斑边缘，往往是全叶青枯；病部青灰色或绿色，叶片边缘略有皱缩或卷曲。

在早晨有露水的情况下，病部表面均有蜜黄色黏性露珠状的菌脓，干燥后如鱼子状小颗粒，易脱落。在病健交界处剪下一小块病组织放在玻片上，滴上一滴清水，再加上一玻片夹紧，约 1 min 后对光看，如切口有云雾状雾喷出，即为白叶枯病。也可剪一段 6 cm 长病叶，插入盛有清水的容器中一昼夜，上端切口如有淡黄色浑浊的水珠溢出，即为白叶枯病。如图 2.40 所示。

图 2.40　水稻白叶枯病

6. 水稻细菌性条斑病

病斑初为暗绿色水浸状小斑，很快在叶脉间扩展为暗绿至黄褐色的细条斑，大小约 1 mm×10 mm，病斑两端呈浸润型绿色。病斑上常溢出大量串珠状黄色菌脓，干后呈胶状小粒。白叶枯病斑上菌溢不多，不常见到，而细菌性条斑上则常布满小珠状细菌液。发病严重时条斑融合成不规则黄褐色至枯白色大斑，与白叶枯类似，但对光看可见许多半透明条斑。病情严重时叶片卷曲，田间呈现一片黄白色。如图 2.41 所示。

7. 水稻立枯病

(1) 芽腐:出苗前或刚出土时发生,幼苗的幼芽或幼根变褐色,病芽扭曲、腐烂而死。在种子或芽基部生有霉层。

(2) 针腐:多发生于幼苗立针期到2叶期,病苗心叶枯黄,叶片不展开,基部变褐,有时叶鞘上生有褐斑,病根也逐渐变为黄褐色。种子与幼苗基部交界处生有霉层,茎基软弱,易折断,育苗床中幼苗常成簇,成片发生与死亡。

图2.41 水稻细菌性条斑病

(3) 黄枯、青枯:多发生于幼苗2.5叶期前后,病苗叶尖不吐水,叶色枯黄、萎蔫,成穴状迅速向外扩展,秧苗基部与根部极易拉断,叶片打绺。在天气骤晴时,幼苗迅速表现青枯,心叶及上部叶片"打绺"。幼苗叶色青绿,最后整株萎蔫。在插秧后本田出现成片青绿枯死。如图2.42所示。

图2.42 水稻立枯病症状

8. 水稻条纹叶枯病

水稻条纹叶枯病于苗期发病，心叶基部出现褪绿黄白斑，后扩展成与叶脉平行的黄色条纹，条纹间仍保持绿色。不同品种表现不一，糯、粳稻和高秆籼稻心叶黄白、柔软、卷曲下垂，成枯心状。矮秆籼稻不呈枯心状，出现黄绿相间条纹，分蘖减少，病株提早枯死。病毒病引起的枯心苗与三化螟为害造成的枯心苗相似，但无蛀孔，无虫粪，不易拔起，也不同于蝼蛄为害造成的枯心苗。分蘖期发病先在心叶下一叶基部出现褪绿黄斑，后扩展形成不规则黄白色条斑，老叶不显病。籼稻品种不枯心，糯稻品种半数表现枯心。拔节后发病在剑叶下部出现黄绿色条纹，各类型稻均不枯心，但抽穗畸形，所以结实很少。如图 2.43 所示。

图 2.43　水稻条纹叶枯病中后期症状

三、实训用具

显微镜、解剖镜、镊子、载玻片、盖玻片、滴管、纱布、吸水纸、培养皿、挂图等。

四、实训材料

水稻稻瘟病、纹枯病、稻曲病、恶苗病、白叶枯病、细菌性条斑病、立枯病、条纹叶枯病等病害标本及病原菌玻片标本。

五、实训内容及方法

(1) 观察以上 8 种水稻病害的标本,结合挂图,认真识别 8 种病害的症状特点。

(2) 观察以上 8 种水稻病害的病原菌玻片标本。

六、实训作业

1. 将不同水稻病害的症状填入表 2.5 中,并进行比较。

表 2.5　水稻症状比较表

病　名	病状	病　症	备　注
稻瘟病			
纹枯病			
稻曲病			
恶苗病			
白叶枯病			
细菌性条斑病			
立枯病			
条纹叶枯病			

2. 区别比较水稻白叶枯病和水稻细菌性条斑病。

麦类主要病害的识别

一、实训目的

学习和掌握麦类主要病害的识别及病原菌的一般特征。

二、预备知识

1. 小麦白粉病

该病可侵害小麦植株地上部各器官,但以叶片和叶鞘为主,发病重时颖壳和芒也可受害。初发病时,叶面出现 1～2 mm 的白色霉点,后逐渐扩大为近圆形至椭圆形白色霉斑,霉斑表面有一层白粉,遇有外力或振动立即飞散。这些粉状物就是该菌的菌丝体和分生孢子。后期病部霉层变为灰白色至浅褐色,病斑上散生有针头大小的小黑粒点,即病原菌的闭囊壳。如图 2.44 所示。

图 2.44　小麦白粉病

2. 小麦条锈病

小麦条锈病主要发生在叶片上,其次是叶鞘和茎秆,穗部、颖壳及芒上也有发生。苗期染病,幼苗叶片上产生多层轮状排列的鲜黄色夏孢子堆。成株叶片初发病时夏孢子堆呈小长条状,鲜黄色,椭圆形,与叶脉平行,且排列成行,像缝纫机轧过的针脚一样,呈虚线状,后期表皮破裂,出现锈褐色粉状物;小麦近成熟时,叶鞘上出现圆形至卵圆形黑褐色夏孢子堆,散出鲜黄色粉末,即夏孢子。后期病部产生黑色冬孢子堆。冬孢子堆呈短线状,扁平,常数个融合,埋伏在表皮内,成熟时不开裂,有别于小麦秆锈病。田间苗期发病严重的条锈病与叶锈病症状易混淆,不好鉴别。小麦叶锈病夏孢子堆近圆形,较大,不规则散生,主要发生在叶面,成熟时表皮开裂一圈,有别于条锈病。必要时可把条锈菌和叶锈菌的夏孢子分别放在两个载玻片上,往孢子上滴一滴浓盐酸后镜检,条锈菌原生质收缩成数个小团,而叶锈菌原生质在孢子中央收缩成一个大团。如图

2.45 所示。

图 2.45　小麦条锈病初期叶片上的症状

3. 小麦叶锈病

小麦叶锈病主要危害小麦叶片，产生疱疹状病斑，很少发生在叶鞘及茎秆上。夏孢子堆呈圆形至长椭圆形，橘红色，比秆锈病小，较条锈病大，呈不规则散生，在初生夏孢子堆周围有时产生数个次生的夏孢子堆，一般多发生在叶片的正面，少数可穿透叶片。成熟后表皮开裂一圈，散出橘黄色的夏孢子；冬孢子堆主要发生在叶片背面和叶鞘上，呈圆形或长椭圆形，黑色，扁平，排列散乱，但成熟时不破裂。有别于秆锈病和条锈病。如图 2.46 所示。

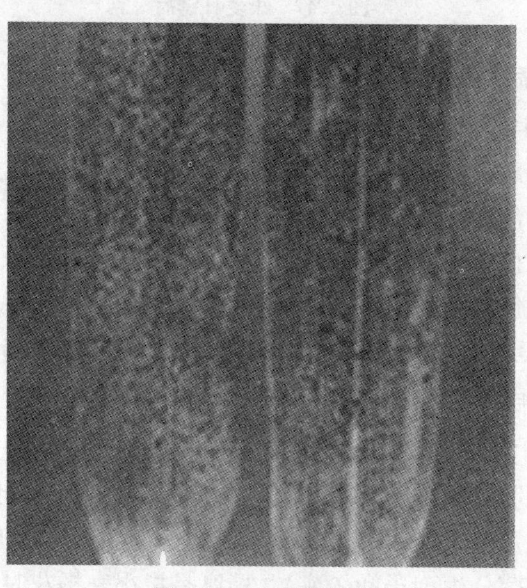

图 2.46　小麦叶锈病

4. 小麦秆锈病

小麦秆锈病主要发生在叶鞘和茎秆上，也危害叶片和穗部。夏孢子堆大，呈长椭圆形，深褐色或褐黄色，排列不规则，散生，常连接成大斑，成熟后表皮易破裂，表皮大片开裂且向外翻成唇状，散出大量锈褐色粉末，即夏孢子。小麦成熟时，在夏孢子堆及其附近出现黑色椭圆至狭长长条形冬孢子堆，后表皮破裂，散出黑色粉末状物，即冬孢子。三种锈病区别可用“条锈成行叶锈乱，秆锈是个大红斑”来概括。如图2.47所示。

图2.47　小麦秆锈病

5. 小麦纹枯病

小麦纹枯病主要发生在小麦的叶鞘和茎秆上。小麦拔节后，症状逐渐明显。发病初期，在地表或近地表的叶鞘上产生黄褐色椭圆形或梭形病斑，之后病部逐渐扩大，颜色变深，并向内侧发展危害茎部，重病株基部一、二节变黑甚至腐烂，常早期死亡。小麦生长中期至后期，叶鞘上的病斑呈云纹状花纹。病斑无规则，严重时包围全叶鞘，使叶鞘及叶片早枯。在田间湿度大、通气性不好的条件下，病鞘、茎秆之间或病斑表面常产生白色霉状物。如图2.48所示。

6. 小麦赤霉病

小麦赤霉病主要引起苗枯、茎基腐、秆腐和穗腐，从幼苗到抽穗都可受害。其中影响最严重的是穗腐。苗腐是由种子带菌或土壤中病残体侵染所致。先是芽变褐，然后根冠随之腐烂，轻者病苗黄瘦，重者死亡，枯死苗湿度大时产生粉红色霉状物(病菌分生孢子和子座)。穗腐是指小麦扬花时，初在小穗和颖片上产生水浸状浅褐色斑，渐扩大至整个小穗小穗枯黄。湿度大时，病斑处产生粉红色胶状霉层。后期其上产生密集的蓝黑色小颗粒(病菌子囊壳)。用手触摸，有突起感觉，不能抹去，籽粒干瘪并伴有白色或粉红色霉。小穗发病后扩展至穗轴，病部枯竭，使被害部以上小穗形成枯白穗。茎基腐自幼苗出土至成熟均可发生，麦株基部组织受害后变褐腐烂，致全株枯死。秆腐多发生在穗下第一、二节，初在叶鞘上出现水渍状褪绿斑，后扩展为淡褐色至红褐色不规则形斑或向茎内扩展。病情严重时，造成病部以上枯黄，有时不能抽穗或抽出枯黄穗。气候潮湿时病部表面可见粉红色霉层。如图 2.49 所示。

图 2.48　小麦纹枯病

图 2.49 小麦赤霉病

7. 小麦全蚀病

小麦抽穗后田间病株成簇或点片状发生早枯白穗，病根变黑，易于拔起。在茎基部表面及叶鞘内布满紧密交织的黑褐色菌丝层，呈“黑脚”状，后颜色加深呈黑膏药状，上密布黑褐色颗粒状子囊壳。该病与小麦其他根腐型病害的区别在于种子根和次生根变黑腐败，茎基部生有黑膏药状的菌丝体。幼苗期病原菌主要侵染根和地下茎，使之变黑腐烂，地上表现病苗基部叶片发黄，心叶内卷，分蘖减少，生长衰弱，严重时死亡。病苗返青推迟，矮小稀疏，根部变黑加重。拔节后茎基部 1～2 节叶鞘内侧和茎秆表面在潮湿条件下形成肉眼可见的黑褐色菌丝层，称为“黑脚”，这是全蚀病区别于其他根腐病的典型症状。重病株地上部明显矮化，发病晚的植株矮化不明显。由于茎基部发病，植株早枯形成“白穗”。田间病株成簇或点片状分布，严重时全田植株枯死。在潮湿情况下，小麦近成熟时在病株基部叶鞘内侧生有黑色颗粒状突起，即病原菌的子囊壳。但在干旱条件下，病株基部“黑脚”症状不明显，也不产生子囊壳。如图 2.50 所示。

图 2.50 小麦全蚀病

8. 小麦黑穗病

麦类黑穗病有两种类型:一类是花期侵染类型,有小麦腥黑穗病、大麦秆黑粉病;另一类是花器侵染类型,有大、小麦黑穗病。

麦类黑穗病以穗部受害形成黑粉为主要特征。整个穗除穗轴外,均为黑粉且黏结较紧,不易散落。穗部仅籽粒变为黑粉的为小麦腥黑穗病。小麦秆黑粉病在叶、叶鞘、茎秆、穗部形成长条形、间断的银灰色条斑,其中包埋黑粉。如图2.51所示。

图2.51　小麦黑穗病

三、实训用具

解剖镜、放大镜、显微镜、镊子、载玻片、盖玻片、纱布、吸水纸、蒸馏水、滴管、挂图等。

四、实训材料

白粉病、条锈病、叶锈病、秆锈病、纹枯病、赤霉病、全蚀病、黑穗病等病害标本及病原菌玻片标本。

五、实训内容及方法

(1) 观察以上8种小麦病害的症状特点,并进行比较和区别;
(2) 观察以上8种小麦病害的病原菌玻片标本。

六、实训作业

(1) 将不同小麦病害的症状填入表2.6中，并进行比较。

表2.6　小麦病害特征比较表

病　名	病状	病　症	备　注
白粉病			
叶锈病			
条锈病			
秆锈病			
纹枯病			
赤霉病			
全蚀病			
黑穗病			

(2) 如何区别小麦的三种锈病？

玉米及其他作物病害的识别

一、实训目的

(1) 认识玉米的主要病害症状及病原菌的一般特征。
(2) 认识棉花的主要病害症状及病原菌的一般特征。
(3) 认识十字花科植物的主要病害症状及病原菌的一般特征。

二、预备知识

(一) 玉米病害

1. 玉米大斑病

玉米大斑病又称条斑病、煤纹病、枯叶病、叶斑病等，主要危害玉米的叶片、叶鞘和苞叶。叶片染病先出现水渍状青灰色斑点，然后沿叶脉向两端扩展，形成边缘暗褐色、中央淡褐色或青灰色的大斑。后期病斑常纵裂。严重时病斑融合，叶片变黄枯死。潮湿时病斑上有大量灰黑色霉层。下部叶片先发病。在抗病品种上表现为褪绿病斑，病斑较小，与叶脉平行，色泽黄绿或淡褐色，周围暗褐色。有些表现为坏死斑。如图 2.52 所示。

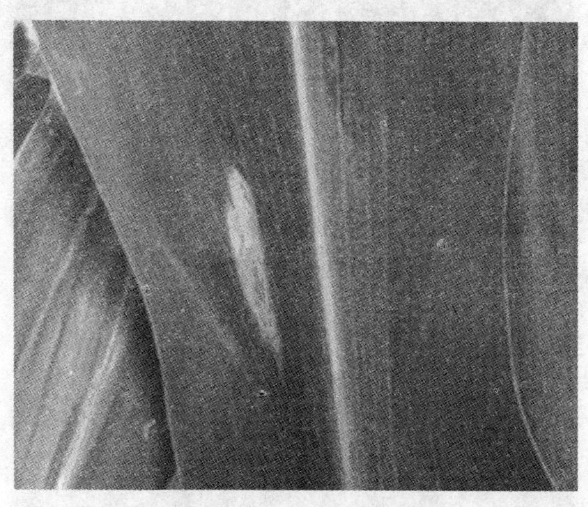

图 2.52　玉米大斑病

2. 玉米小斑病

玉米小斑病常和大斑病同时出现或混合侵染，因其主要发生在叶部，故统称叶斑病。此病除危害叶片、苞叶和叶鞘外，对雌穗和茎秆的致病力也比大斑病强，可造成果穗腐烂和茎秆断折。其发病时间，比大斑病稍早。发病初期，在叶片上出现半透明水渍状褐色小斑点，后扩大为(5～16 mm)×(2～4 mm)大小的椭圆形褐色病斑，边缘赤褐色，轮廓清楚，上有二、三层同心轮纹。病斑进一步发展时，内部略褪色，后渐变为暗褐色。天气潮湿时，病斑上生出暗黑色霉状物(分生孢子盘)。叶片被害后，叶绿组织常受损，影响光合机能，导致减产。如图 2.53 所示。

3. 玉米丝黑穗病

玉米丝黑穗病的典型病症是雄性花器变形，雄花基部膨大，内为一包黑粉，不能形成雄穗。雌穗受害果穗变短，基部粗大，除苞叶外，整个果穗为一包黑粉和散乱的丝状物，严重影响玉米产量。如图 2.54 所示。

图 2.53　玉米小斑病

图 2.54　玉米丝黑穗病

(1) 玉米丝黑穗病苗期症状：玉米丝黑穗病属苗期侵入，系侵染性病害。一般在穗期表现出典型症状，主要危害雌穗和雄穗。受害严重的植株，在苗期可表现出各种症状。幼苗分蘖增多呈丛生形，植株明显矮化，节间缩短，叶片颜色暗绿、挺直，农民称此病状是："个头矮、叶子密、下边粗、上边细、叶子暗、颜色绿、身子还是带弯的。"有的品种叶片上出现与叶脉平行的黄白色条斑，有的幼苗心叶紧紧卷在一起，弯曲呈鞭状。

(2) 玉米丝黑穗病成株期症状：玉米成株期病穗上的症状可分为两种类型，即黑穗和变态畸形穗。

① 黑穗：黑穗病穗除苞叶外，整个果穗变成一个黑粉包，其内混有丝状寄主维管束组织，故名为丝黑穗病。受害果穗较短，基部粗，顶端尖，近似球形，不

吐花丝。

② 变态畸形穗：这是由于雄穗花器变形而不形成雄蕊，其颖片因受病菌刺激而呈多叶状。雌穗颖片也可能因病菌刺激而过度生长成管状长刺，呈刺猬头状，长刺的基部略粗，顶端稍细，中央空松，长短不一，由穗基部向上丛生，整个果穗呈畸形。

4. 玉米粗缩病

玉米整个生育期都可感染玉米粗缩病发病，以苗期受害最重，5～6 片叶即可显症，开始在心叶基部及中脉两侧产生透明的油浸状褪绿虚线条点，逐渐扩及整个叶片。病苗浓绿，叶片僵直，宽短而厚，心叶不能正常展开，病株生长迟缓，矮化叶片背部叶脉上产生蜡白色隆起条纹，用手触摸有明显的粗糙感。至 9～10 叶期，病株矮化现象更为明显，上部节间短缩粗肿，顶部叶片簇生，病株高度不到健株一半，多数不能抽穗结实，个别雄穗虽能抽出，但分枝极少，没有花粉。果穗畸形，花丝极少，植株严重矮化，雄穗退化，雌穗畸形，严重时不能结实。如图 2.55 所示。

图 2.55 玉米粗缩病

（二）棉花病害

1. 棉花枯萎病

在子叶期即可发病，至现蕾期达到发病高峰。苗期症状有四种类型：

（1）黄色网纹型：病苗的子叶或真叶边缘出现黄色斑块，斑内叶脉失绿变黄，呈黄色网纹，随后变成褐色网纹状。

（2）紫红型：子叶或真叶变紫，逐渐萎蔫死亡。

（3）黄化型：子叶或真叶变黄，逐渐萎蔫死亡。

（4）青枯型：叶边不变色而萎蔫下垂，全株青枯死亡或半边枯垂。

各种类型的病苗根茎内部的导管变成深褐色或墨绿色。现蕾前后，除前述症状外，还有矮缩形病株出现，下部个别叶片的局部或全部叶脉变黄，呈黄色网纹状。重病株叶片萎蔫脱离，干枯死亡。剖茎检查，木质部变为深褐色或墨绿色。如图 2.56 所示。

图 2.56 棉花枯萎病

2. 棉花黄萎病

棉花黄萎病比棉花枯萎病发病稍迟，一般现蕾后开始发病，到花铃期达到高峰，下部叶片开始发病，逐渐向上扩展，发病初期，叶片边缘和叶脉之间出现淡黄色斑块，以后病斑逐渐扩大，而主脉及附近叶肉仍保存绿色，呈“花西瓜皮状”或“掌状”。发病严重的植株，叶片全部脱落成光秆，剖茎检查，病株的木质部变为淡褐色。如图 2.57 所示。

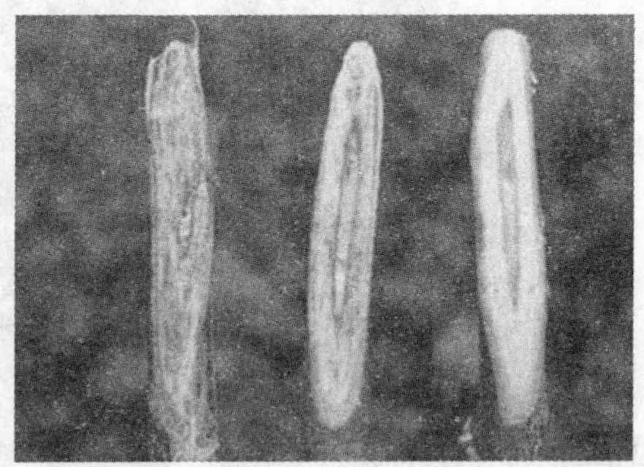

图 2.57 棉花黄萎病

(三) 十字花科植物病

1. 白菜软腐病

此病从包心前期开始发生，一般从外叶基部开始发病，病部呈水渍状微黄色病斑，扩大呈黄褐色腐烂，并发出臭味，经 1～2 天后，病部维管束变黄至褐色，最后引起其他叶片或全株发病。病情严重时，造成脱帮。叶球极易用脚踢落，心髓充满灰褐色黏稠物，散出臭气。有时外叶全部腐烂，天气转晴干燥后，病叶失水呈薄纸状。如图 2.58 所示。

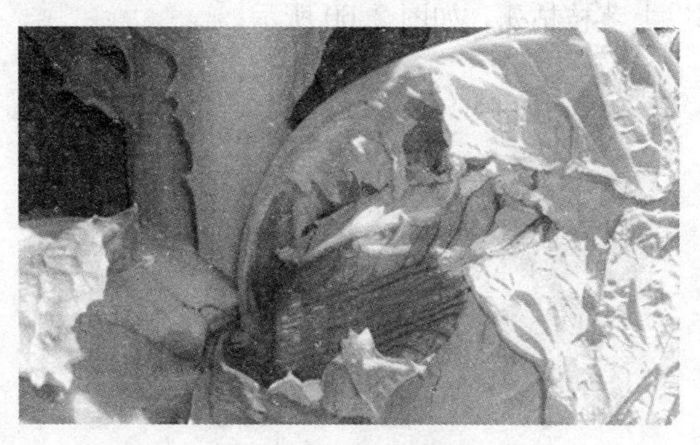

图 2.58　白菜软腐病

2. 白菜霜霉病

白菜霜霉病主要发生在叶片上，其次危害茎、枝、花梗。叶片被危害时，最初在叶正面产生淡绿色小斑，后逐渐扩大，因受叶脉限制变成多角形或不规则形，颜色由淡绿转为黄色至黄褐色，同时在病斑背面长出霜状霉层，严重时，叶片枯黄脱落，花梗受害，扭曲成“龙头”拐状，后期病部长出白色霜霉，花器受害呈肥大畸形。如图 2.59 所示。

图 2.59　白菜霜霉病

3. 油菜菌核病

油菜的叶、茎、果均可受害，以茎部受害为重。先以基部老叶及叶柄处发病，以后蔓延到茎部，茎上病斑初为水渍状浅褐色，后扩展为梭形或绕茎一周的大型病斑，略凹陷，呈灰白色腐烂。潮湿时病斑扩展迅速，病斑上长出白棉状菌丝。干燥时表皮破裂成乱麻状，易折断，茎中空。剖视病茎，可见黑色鼠粪状菌核，严重时病部以上茎枝枯死。如图 2.60 所示。

图 2.60　油菜菌核病

三、实训用具

显微镜、放大镜、镊子、载玻片、盖玻片、蒸馏水、滴管、纱布、吸水纸、挂图等。

四、实训材料

(1) 玉米大斑病、玉米小斑病、玉米丝黑穗病、玉米粗缩病等病害标本及病原菌玻片标本。

(2) 棉花枯萎病、棉花黄萎病等病害标本及病原菌玻片标本。

(3) 白菜软腐病、白菜霜霉病、油菜菌核病等病害标本及病原菌玻片标本。

五、实训内容及方法

(1) 观察玉米大、小斑病标本，认真辨别病斑大小、色泽、边缘及病斑数目等有何不同，病斑上有无松散的黑色霉状物。

(2) 观察玉米丝黑穗病、粗缩病的病害标本，认真辨别两种病害的症状特点。

(3) 观察棉花枯萎病、棉花黄萎病的病害标本，认真辨别两种病害的症状特点。

(4) 观察白菜软腐病、白菜霜霉病、油菜菌核病的病害标本，找出症状特征。

(5) 观察相关病害的玻片标本。

六、实训作业

(1) 将不同作物病害的症状填入表2.7中,并进行比较。

表2.7 玉米病害特征比较表

病名	病状	病征	备注
玉米大斑病			
玉米小斑病			
玉米丝黑穗病			
玉米粗缩病			
棉花枯萎病			
棉花黄萎病			
白菜软腐病			
白菜霜霉病			
油菜菌核病			

(2) 如何区分玉米大、小斑病?

(3) 如何区别棉花枯萎病和黄萎病?

附2.3 安徽省2017年对口招生考试技能测试项目——"识别病害症状"评分标准

1. 分值与测试时间

分值100分,测试时间30 min。

2. 测试操作步骤

(1) 将供识别的25种病害标本或图片依次编号。

(2) 从已编号的病害标本或图片中随机抽取20种组成一组测试题,抽取时要考虑到不同作物病害种类的搭配。

(3) 考生写出每组测试题中与编号相对应的病害名称。

3. 评分标准

写对20种病害名称的得100分,写错一种扣5分,扣至0分为止。

实训四　果 蔬 嫁 接①

一、实训目的

(1) 熟练掌握西瓜的劈接技能。
(2) 熟练掌握黄瓜的顶插接技能。

二、预备知识

(一) 相关概念

1. 嫁接

所谓嫁接,是指把一种植物的枝或芽接合到另一植株的茎枝上,使它们紧密地愈合在一起,互相交流养分,生长成一株新植物的方法。

2. 接穗

接在茎枝上的枝或芽叫接穗。

3. 砧木

被接的另一植株叫砧木。

(二) 嫁接的重要意义

在现代果蔬园艺生产中,嫁接是一种重要的方法,具有重要的意义,表现在以下几个方面:

(1) 嫁接可以保留栽培植物的优良特性;
(2) 嫁接可以使果蔬提早结果,获得早期丰产;
(3) 嫁接可以控制和促进果蔬生长;
(4) 嫁接可以提高植物的抗逆性,即提高果蔬的抗病、抗虫害的能力;
(5) 嫁接可以使衰老的果树得到更新复壮。

---

① 市级、省级、国家级技能竞赛项目。

对蔬菜而言，嫁接可以起到促进蔬菜幼苗健壮生长，减少发病，提高蔬菜对肥水的利用率，增强蔬菜的抗逆性，提高土地的利用率，增加农作物的收获茬数及产量，改善果实品质，扩大繁育系数的作用。

（三）嫁接的原理

植物嫁接后为什么能成活呢？植物嫁接后，能否成活，其影响因素很多，一般可分为内因和外因两大类：

1. 内因

内因，即植物体的内部因素，指影响嫁接成活的内部因素。内因与嫁接者的技术无关，而与砧木植物与接穗植株的内部生理特性有关，主要包括以下几方面：

（1）亲和力：是指接穗和砧木经过嫁接后，能够相互愈合，流通养分，共同生长形成一株完整植物的能力。并非任何两种植物嫁接在一起都会成活。如果嫁接所选取的砧木植物和接穗植物之间的亲和力强，则较易成活；反之，如果嫁接所选取的砧木植物和接穗植物之间的亲和力弱或者没有亲和力，则不易成活。

（2）一般情况下，同科同属植物间亲和力较强，嫁接后容易成活；而不同科之间植物的亲和力较差，一般不易成活。双子叶植物具有形成层，嫁接容易成活；而单子叶植物，由于其形成层活动时间较短，一般不易成活。

2. 外因

外因是指影响嫁接成活的外部环境因素和嫁接技术因素。外部环境因素主要包括温度、湿度、空气等；技术因素包含嫁接者的嫁接技术水平等，如砧木和接穗的切口削切得是否平滑，嫁接操作中砧木和接穗之间是否做到了形成层紧密接触等。

（1）砧木和接穗的切口是否平滑，双方的形成层是否密接：即农村俗语所说的“嫁接要成活，必须皮搭皮、骨搭骨”，用生物学理论上的话来说，就是要求砧木和接穗的形成层必须对准。

（2）温度：20～25 ℃较为适宜。

（3）湿度和空气：适当控制接口的湿度是保证嫁接成活的重要因素。

（4）光线：光线能抑制愈伤组织的形成，所以嫁接后的一段时间要适当减少光照。

三、实训材料

1. 嫁接工具

嫁接操作台(长、宽、高分为120 cm、65 cm、45 cm)、剃须的双面刀片、座凳、干净的毛巾、时钟、瓷盘、手持式小型喷雾器、75%的酒精、棉球、3种规格的嫁接竹签、标签、记号笔、塑料嫁接夹等。

2. 嫁接材料

(1) 西瓜劈接:砧木采用生长健壮的葫芦穴盘苗,接穗采用生长健壮、无病虫害的西瓜幼苗。

(2) 黄瓜顶插接:砧木采用生长健壮、无病虫害的白籽南瓜穴盘苗,接穗采用生长健壮、无病虫害的黄瓜幼苗。

四、实训内容及操作步骤

(一) 西瓜劈接技能训练

按省技能大赛要求的西瓜劈接速度,在规定的25 min时间内按照西瓜劈接的技术要求完成西瓜劈接操作的全过程。

1. 嫁接前的准备

(1) 嫁接用刀片的准备:

将双面剃须刀片沿中线折为两半,分成两个单面刀片,分开的单面刀片还应按照图2.61所示,用铁剪或者铁钳去掉无刃面的一个角,以便于切除砧木心叶和嫁接操作,没有去角的一端用胶布绕缠严实,防止割伤手指,也便于捏拿。

(2) 嫁接竹签的制作:

竹签多用薄竹片加工而成,具体制作方法是,先将竹片劈成0.5～1 cm宽、5～10 cm长的片段,现将其中一端按照图2.62所示的竹签的形状,削成斜面,然后将竹签打磨光滑即可。

(3) 嫁接固定夹:

主要用于嫁接后固定嫁接的接口。一般可直接购买专用的嫁接固定夹,如图2.63所示。

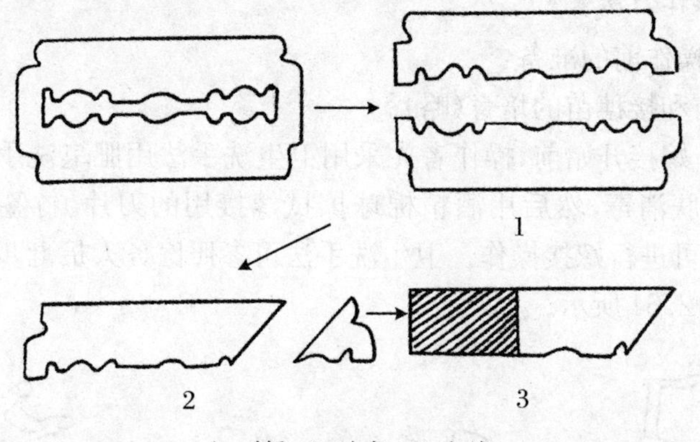

1. 对折　2. 去角　3. 包缠

图 2.61　双面刀片处理

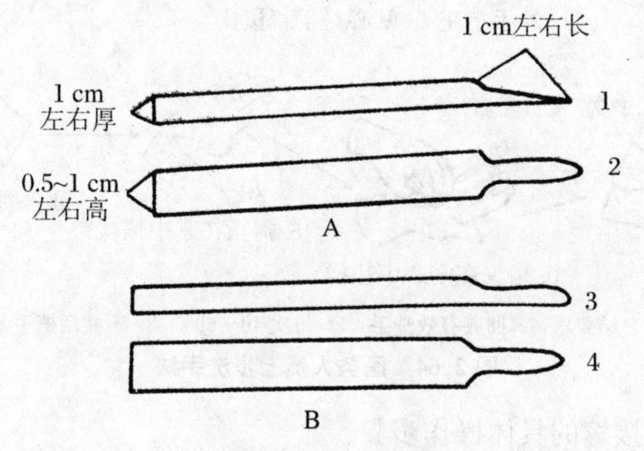

A. 斜面形插头　B. 马耳形插头　1、3. 纵断面形状　2、4. 平面形状

图 2.62　嫁接用竹签类型

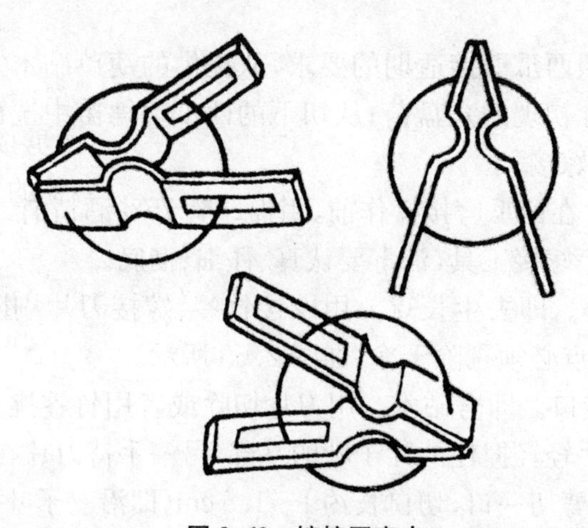

图 2.63　嫁接固定夹

2. 嫁接操作方法

(1) 嫁接操作前的准备：

① 砧木苗和接穗苗的培育(略)。

② 消毒。嫁接开始前，操作者先采用卫生洗手法用肥皂洗手，并用酒精棉球仔细擦拭皮肤消毒，然后用酒精棉球擦拭嫁接用的刀片、竹签，使之充分消毒。消毒后即可进行嫁接操作。卫生洗手法可参照医务人员七步洗手法，洗手总体要求如图 2.64 所示。

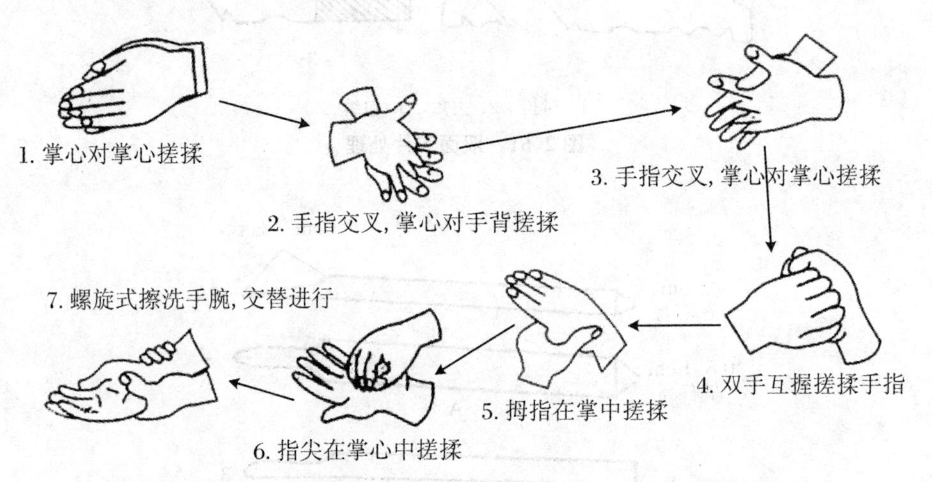

图 2.64　医务人员七步洗手法

(2) 西瓜劈接嫁的具体操作步骤：

① 选苗。即选择嫁接适宜时期的砧木苗和接穗苗。

生产上的一般要求：砧木与接穗苗嫁接适期的特点是砧木子叶平展、露心，接穗子叶充分展开。

在比赛中，按照西瓜劈接适期的要求，从提供的葫芦砧木穴盘苗中选出子叶展开、第一片真叶初现的穴盘苗；从切下的西瓜切穗苗中选出子叶充分展开的西瓜接穗苗进行嫁接。

② 工具消毒。在西瓜劈接操作前，用棉球蘸 75%酒精消毒操作人员的手、嫁接刀、嫁接竹签等嫁接工具，消毒要认真、仔细、彻底。

③ 砧木苗去心。即去生长点。用嫁接竹签、嫁接刀片剔除砧木的生长点和真叶。要求生长点必须剔除干净，如图 2.65 所示。

④ 砧木劈切接口。即劈砧木。用刀片切除或者用竹签挑去砧木的真叶和生长点后，然后一手轻轻捏住两片子叶的基部，另一手持刀片在两片子叶之间，从苗茎的一侧向下劈切一口，切口长约 1～1.5 cm(即沿双子叶内侧方向过轴心

向下纵劈 1～1.5 cm)。注意:下胚轴外侧表皮不能劈开,胚轴横切面劈口要与子叶连线垂直,宽度不小于接穗直径,要求切面平滑、竖直。如图 2.65 所示。

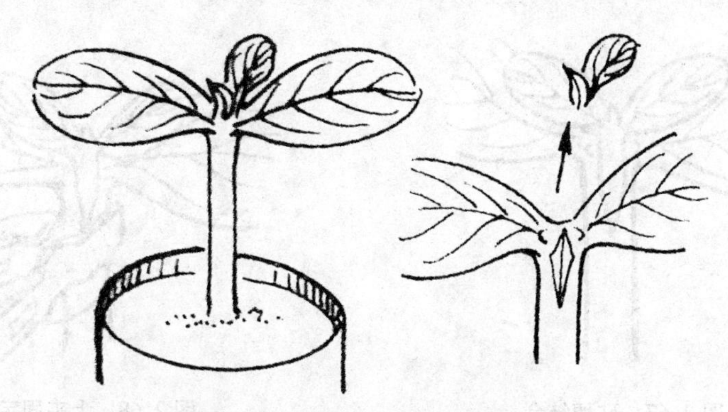

图 2.65　砧木去生长点和劈切口

⑤ 削接穗,即削切西瓜苗穗。

取西瓜苗,用刀片在子叶正下方一侧距子叶 0.5～1 cm 以内处,斜削一刀,把苗茎削成单斜面形,翻过苗茎,再从背面斜削一刀,把苗茎削成双斜面形,即通常所说的"楔形"。切面长约 1～1.5 cm,要求削面长度与砧木切口深度相适应,切面平滑,两侧斜面斜度大致相等,无污染。如图 2.66 所示。

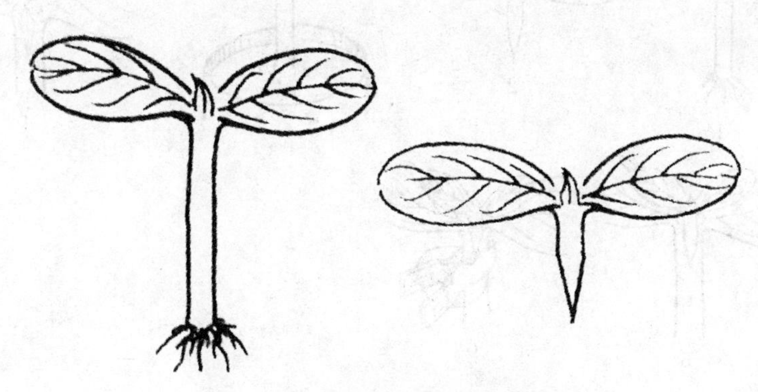

图 2.66　西瓜接穗的削切示意图

⑥ 结合固定。即接穗嵌合或接穗插入。削切好西瓜苗接穗后,随即一手拿苗,一手轻轻地把砧木苗的两片子叶朝背向切口的方向轻轻按压,使切口分开,接口充分张开后,把西瓜苗穗的切面插入切口内。注意:西瓜苗穗插入要深,应尽量插到接口的底部。即将接穗的楔形切面全部插入砧木切口中,未削的部分不能插入切口。接穗侧面与砧木的内侧面必须要对齐。如图 2.67 所示。

⑦ 上夹固定接口。西瓜苗穗插正插紧后,使接穗切面紧贴砧木切面,用嫁接固定夹从切口(劈口)对侧把接合部位夹住,使接穗固定。注意:嫁接夹

的受力位置在切口的两外侧。固定夹在转动的过程中,不能使接穗移位。如图 2.68 所示。

图 2.67　砧穗结合

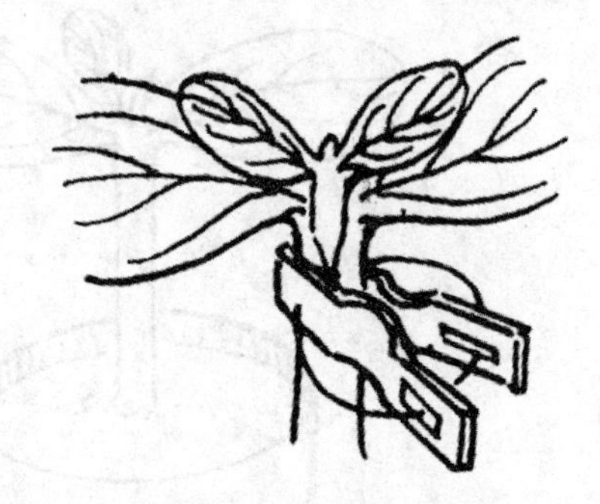

图 2.68　上夹固定

将上述操作步骤归纳概括,西瓜劈接操作的主要步骤可用下面的流程图表示,如图 2.69 所示。

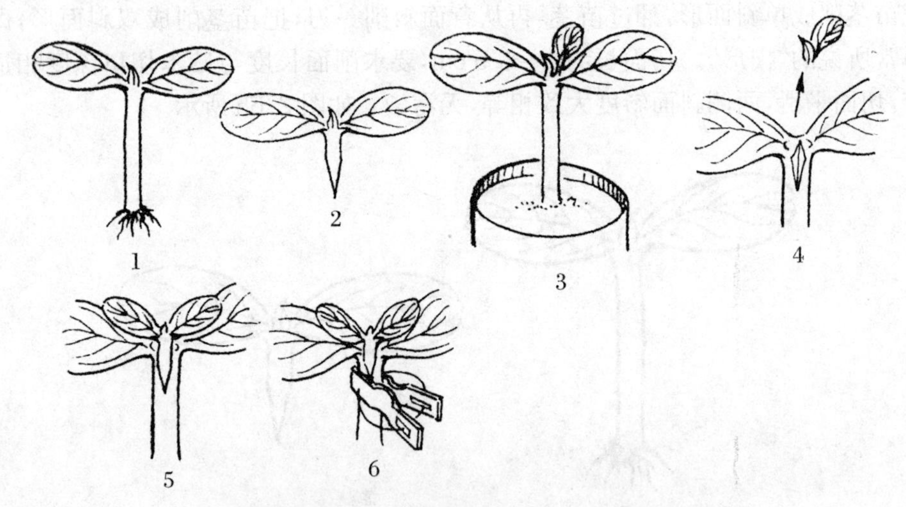

1. 适合嫁接的西瓜苗　2. 西瓜苗茎削切　3. 适合嫁接的砧木苗
4. 砧木苗去心,苗茎劈接口　5. 切面嵌合　6. 上嫁接固定夹固定结口

图 2.69　西瓜劈接法嫁接全过程示意图解

⑧ 嫁接过程中,嫁接苗和嫁接工具要轻拿轻放,劈接木、削接穗、砧穗结合等过程应熟练、规范。

⑨ 要注意保持工作台面清洁卫生,所用工具摆放原处,在穴盘一端贴上记号标签(包括日期、工位号、天气情况等),将嫁接苗整齐摆放在指定位置,并喷雾保湿。

3. 注意事项

(1) 遮阴补水：

将嫁接好的西瓜苗放入遮阴环境的小拱棚内，如接穗萎蔫要及时喷雾补足水分，再对拱棚进行盖膜遮阴。

(2) 环境要求：

保持嫁接环境干净、卫生、避风，刀片受到污损应立刻替换，手要随时清洗，嫁接结束后应清理场地，物品应全部归位，等待考核评分。

(二) 黄瓜顶端插接技能训练

1. 插接前的准备

(1) 黄瓜顶端插接法是在南瓜苗茎的顶端插孔，将削好的黄瓜苗茎接穗插入嫁接孔，组成嫁接苗的嫁接方法。

(2) 为了保证砧木苗茎能够顺利插孔，使砧木苗茎顶端插孔的大小符合嫁接要求(与黄瓜苗插入端苗茎的粗细一致或稍大一些)，嫁接时要求黄瓜苗茎较南瓜苗茎稍细一点。两种瓜苗的具体大小要求如下：

黄瓜苗大小的要求：两片子叶展开，真叶尚未露出或者刚刚露尖，幼茎粗壮(苗茎细软将不易插入砧木插孔内)、色深，长 4～5 cm，子叶完整，无病虫害。

南瓜苗大小的要求：两片子叶充分展开，第一片真叶初展或约展至一元硬币大小，幼茎粗壮，色深，长 4～5 cm，子叶完整，无病虫危害。

(3) 插接用的工具准备参考西瓜劈接工具准备。

(4) 省技能大赛要求：黄瓜顶端插接的速度，是在规定的 20 min 时间内，按照顶端插端的技术要求完成黄瓜顶端插接操作的全过程。

2. 插接操作方法

(1) 砧穗选择：

按照黄瓜顶端插接适期要求，从提供的南瓜砧木穴盘中挑选子叶平展、第一片真叶显露至初展的砧木穴盘苗；从切下来的黄瓜接穗中选出子叶全展、第一片真叶显露之前的黄瓜接穗苗。

(2) 工具消毒：

操作人员的手、嫁接刀、嫁接竹签等嫁接工具用在黄瓜顶端插接前用棉球蘸 75%酒精消毒，消毒过程要认真仔细。

(3) 去生长点：

用嫁接刀或者嫁接竹签剔除砧木生长点和真叶，必须剔除干净。如图 2.70 所示。

(4) 插砧木：

用竹签紧贴子叶的叶柄中脉基部向另一片子叶的叶柄基部成 30°～45°斜插。插入孔深度约 0.7～1 cm，插孔深度以竹签顶尖刚好顶到苗茎的表皮为适宜，即：竹签即将刺破砧木苗的表皮（但不能刺破），以手指有触感为宜，即通过捏苗的手指对竹签顶端的刺顶反应程度进行判断，这是需要一定的实践经验的。插孔结束后竹签暂时不要拔出。如图 2.71 所示。

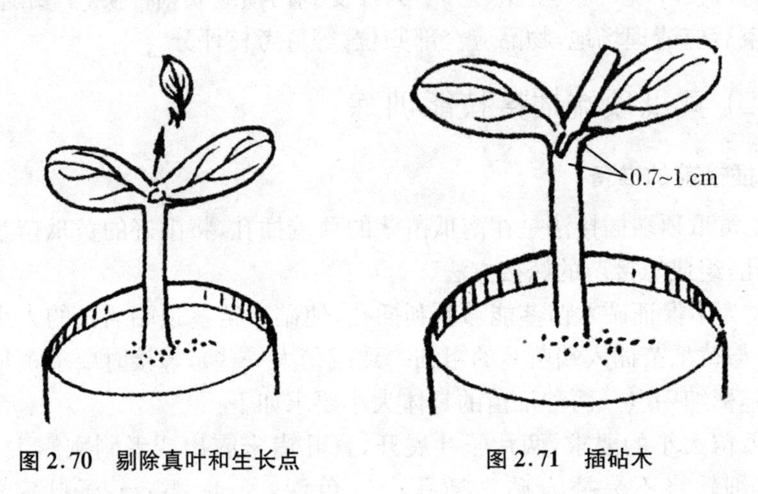

图 2.70　剔除真叶和生长点　　　　图 2.71　插砧木

(5) 削接穗：

取黄瓜苗，在接穗子叶基部约 0.5 cm 处沿两子叶平行方向向下胚轴方向斜切 0.5～0.7 cm 的平滑单楔面或者双楔面，角度约为 30°，要求切面平滑且无污染。如图 2.72 所示。

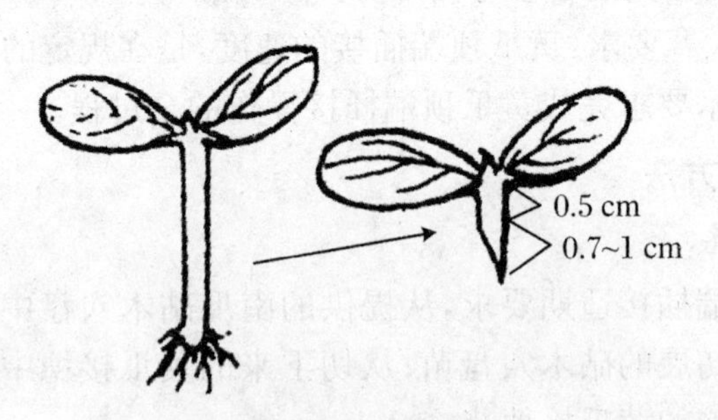

图 2.72　削接穗

(6) 砧穗结合：

拔出竹签，迅速将切好的接穗准确地插入砧木插孔内，使接穗和砧木紧密结合，接穗斜面与砧木斜面紧靠在一起，嫁接苗的 4 片子叶呈“十”字形交叉。如图 2.73 所示。

说明：为了清楚地表示插穗接入砧木的状态，图 2.73 中嫁接后砧木的接穗子叶没有呈十字交叉形。

(7) 嫁接过程要求：

嫁接苗及嫁接工具要做到轻拿轻放，插砧木、削接穗、砧穗结合等过程应熟练、规范。

(8) 整理：

嫁接完成后，要保持操作台面清洁卫生，所用工具要摆放在原处。在穴盘一端贴上记号标签(包括日期、工位号、天气情况等)，将嫁接苗整齐地摆放在指定位置，并喷雾保湿。等待考核评分。

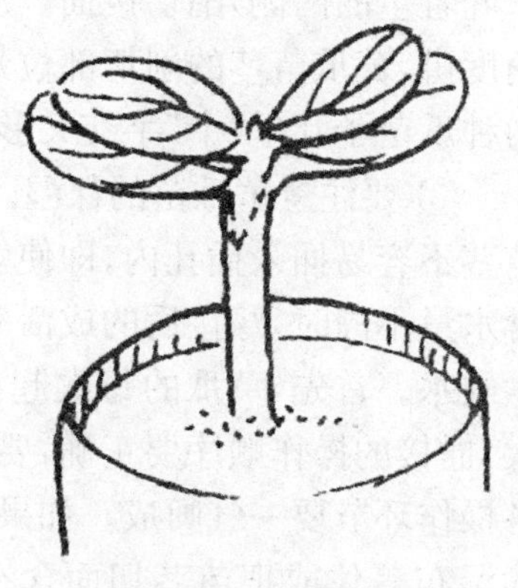

图 2.73 顶端插接

黄瓜顶端插接法概括如图 2.74 所示。

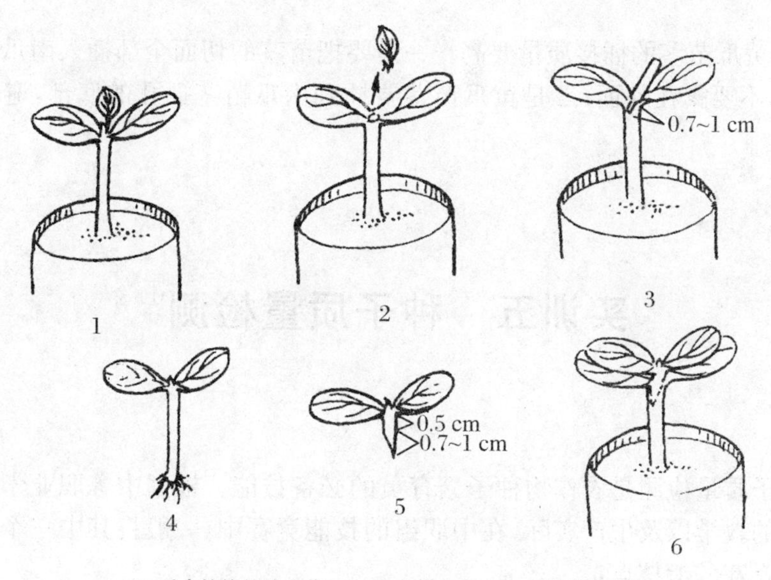

1. 适合嫁接的砧木苗 2. 砧木苗去心 3. 砧木苗茎插孔
4. 适合嫁接的黄瓜苗 5. 黄瓜苗茎削切 6. 插接

说明：为了清楚地表示插接位置，本图没有表示出插接后的“十”字交叉形状

图 2.74 黄瓜顶端插接法操作过程

注意事项：

① 此项比赛要求参赛者必须具备一定的观察能力。要通过选用苗茎粗细相协调的黄瓜苗和南瓜苗进行配对嫁接。适宜的黄瓜苗茎粗度应该比南瓜苗茎稍细一些，以不超过南瓜苗茎粗的 3/4 为宜。如果黄瓜苗茎过粗，插孔时会因苗茎太粗而把南瓜苗茎插裂；但黄瓜苗茎不宜过细，否则会由于两种瓜苗的接合面积太小而不利于培育健壮的嫁接苗。

② 黄瓜苗穗的切削位置要适当。对于苗茎总体偏粗的黄瓜苗，应在苗茎

偏细的两侧切削切接面;对于苗茎总体偏细的黄瓜苗,应在苗茎偏粗的两侧(即子叶着生的两侧)削切接面。从有利于两种瓜苗的子叶均匀分布、互不遮光的角度讲,黄瓜苗茎的削切部位最好与南瓜苗茎上的插孔方向垂直,使嫁接后的两种瓜苗子叶呈“十”字交叉形排列。

③ 要注意黄瓜苗的保湿。由于黄瓜苗穗不带根,苗茎较容易失水变软,使苗茎不容易插入插孔内,即使勉强插入,插接的质量也比较差。另外,黄瓜苗穗含水量不高时,嫁接后的成活率也不高。应想方设法保证黄瓜苗穗切削后不发生缺水。首先,黄瓜的每次起苗量要少,应不超过 20 株,并且要带根起苗;其次,插接的操作顺序要正确,要先插孔后再削切黄瓜苗;再次,嫁接操作要连贯,各操作环节要一气呵成。如果黄瓜苗穗削好后不能立即进行嫁接,要用消过毒的湿布盖住或把苗茎切面含在嘴里保湿,要尽量缩短嫁接苗在苗床外的停留时间。

④ 黄瓜苗茎的插接质量要高。一是要把苗茎的切面全部插入南瓜苗茎的插孔内,不要露在外面;二是黄瓜苗茎要插到南瓜苗茎插孔的底部,避免留下空隙。

实训五　种子质量检测[①]

种子质量检测是农作物种子繁育员的必备技能。根据中等职业学校种植类专业的教学以及生产实际,在中职组的技能竞赛中,一般将其中三个部分作为技能竞赛的考核点:

(1) 种子的净度分析。

(2) 种子千粒重的测定。

(3) 用 TTC 法快速测定种子的生命力。

本节即从以上三个方面展开实训。

一、实训目的

(1) 熟练掌握小麦等农作物种子的净度分析方法(四分法)。

---

① 2011～2014 及 2017 年省级、市级技能竞赛项目。

(2) 熟练掌握农作物种子千粒重的测定方法。

(3) 熟练掌握作物种子生命力的测定方法。

二、实训材料与设备

(1) 恒温箱。

(2) 实验材料、药品和工具(每人1套):工具框1个、小烧杯1个(称量试样和净种子)、培养皿(净度分析和千粒重称量4个、生命力测定4个)、单面刀片1把、镊子1把、小药匙1把、0.1%四唑溶液200 mL、手持放大镜1个、塑料垫板1个(用于种子切取)、分样直尺2把、大小刷子各1把、精度百分之一电子天平1台、经预湿小麦净种子300粒左右、送验样品(500 g左右/袋,贴有标签)、原始记载表1份、结果报告单1份、稿纸3张、标签纸1大张、水芯笔1支、3H铅笔1支、橡皮1块、计算器1个、白色实验工作服1件。

三、实训方法与步骤

(一) 小麦种子样品的净度分析

1. 预备知识

(1) 种子。根据我国种子法规定,种子是指农作物的种植材料或者繁殖材料,包括籽粒、果实和根、茎、苗、芽、叶等。

(2) 种子质量检测。种子质量检测是指应用科学先进和标准的方法对种子样品的质量进行正确的分析测定、判断其质量的优劣、评价其种用价值的一门科学技术。

(3) 种子的净度。种子的净度又称种子的清洁度,是指在一定的待检测的种子样品中,除去其他植物种子和杂质后留下的本作物种子的重量占种子样品重量的百分数。其计算公式为

种子的净度=样品中本作物种子的质量/检后各种成分重量之和。

即:种子的净度等于样品中本作物种子的质量除以纯净的种子质量、其他植物种子和杂质的质量之和。

(4) 净种子。净种子是指送检的全部种子(包括种子的全部植物学变种和栽培品种)符合规程要求的种子单位或构造。

(5) 其他植物种子。净种子以外的任何各类植物的种子单位。

(6) 杂质。杂质是指除净种子和其他植物种子以外的所有其他物质和

构造。

2. 检验方法——四分法

(1) 使用四分法分取检验样品:

将 500 g 小麦种子样品置于水平工作台上,用直尺将其摊成长方形或者正方形(注意:摊成的长方形或者正方形要尽量标准,厚薄必须均匀,以免影响种子重量的测量)。然后,用直尺沿对角线将其分成相等的 4 份。在电子天平上称量其质量。若质量数值在 120～130 g,则分取合格;若分取样品质量小于 120 g或者大于 130 g,则分取不合格。当分取种子质量不合格时,需要重新将种子混匀,重新分取。只有分取合格时,给分取合格的样品编号 01,然后才可以继续进行下一步操作。

(2) 试样分离:

将分取样品逐粒检查,可借助于放大镜等器具。符合种子条件要求的,单独放在一起,编号为 02;其他作物种子单放在一起,编号为 03;杂质单放在一起,编号为 04。

(3) 称量

用电子天平分别称量出纯净种子的质量、其他作物种子的质量和杂质的质量。

(4) 计算

先计算增失差,然后写出计算公式,通过计算得出各组成成分的百分率。

① 种子净度(%)=(净种子质量/各种成分质量之和)×100%。

② 其他植物种子百分率(%)=(其他植物种子质量/各种成分质量之和)×100%。

③ 杂质百分率(%)=(杂质质量/各种成分质量之和)×100%。

注意:计算时要求写出公式,代入相应数据。计算完增失差后必须说明是否符合种子净度分析要求。

⑤ 填写原始记载表和结果报告单。

填写原始数据记载表,必须用铅笔;填写结果报告单必须用水笔或钢笔。数据最好一次写成,不要用橡皮擦,避免有伪造数据的嫌疑。

净度分析结果以三种成分的重量百分率表示,其结果应保留一位小数,最后还须进行修约。先检查各种成分百分率总和应为 100%。如果其和是 99.9%或 100.1%,那么要从最大值(通常是净种子部分)增减 0.1%;如果修约值大于 0.1%,那么应检查有无差错。各成分中,若有重量百分率小于 0.05%的微量成分可略去不计,填报“微量”;如果一种成分的结果为零,须填“—0.0—”(当测定某一类杂质或某一种其他植物种子的重量百分率达到或超过1%时，该种类应在结果报告单上注明）。

注意事项：

① 我国国家种子标准明确规定：破损的种子必须是留下来的部分应超过种子原来大小的50%才可以算为净种子，否则，只能算为杂质。对于不能立即做出判断的，应将其列为净种子，没有必要将每粒种子翻过来观察其下面是否有洞或其他损伤。将凡是有破损的种子或者干瘪的种子直接作为杂质的做法是错误的。

② 对于有颖壳的种子，正确的做法是先将颖壳去掉，把颖壳作为杂质，颖壳内部的小麦种子则作为净种子处理。

③ 用电子天平称量并记录称量结果时应注意，由于我们的检测样品为120～130 g之间，其最后结果只能保留一位小数。

④ 在计算各组分质量百分率时，应该先计算增失差，只有当增失差小于5%时，才可以进行下面的计算。如果增失差大于5%，则应重新操作和计算。

（二）小麦种子千粒重的测定

小麦种子千粒重测定的操作步骤如下：

1. 取样

从进行完净度分析并充分混合的净种子中取出种子作为千粒重的试验样品（要求取样操作规范、熟练），方法如下：

把第一步操作分离出来的种子摊匀，然后将其分成2～4个长条，从每个长条中随机数取1 000粒种子，放入相应的培养皿中再进行称量和计算。

2. 计数

随机数取2个种子样本，每个样本1 000粒（注意随机两字，操作中不能只拣大的或饱满的，要随机数取，这样得到的样品才有代表性）。

3. 称量

用电子天平称出2个样本（每个样本1 000粒）的实际质量。

4. 计算

计算2个样本的平均重量即为所测小麦种子的千粒重。

注意事项：

① 测重前，应先行计算两份之差与平均数之比，两份之差与平均数之比不应超过5%，如果两份之差与平均数之比超过了5%，则需要重新数取2个样本，重新测量。或者数取第三份试样称重，取差距最小的两份试样，计算平均千粒重。否则记为方法错误。

② 千粒重的最终计算结果需保留两位小数。

(三) 种子快速生命力的测定(TTC 法)

1. 预备知识

测定小麦种子的生命力。首先必须明确小麦种子胚的位置。这就需要对小麦种子的结构有一个细致的了解。图 2.75 指明了小麦种子胚的位置。

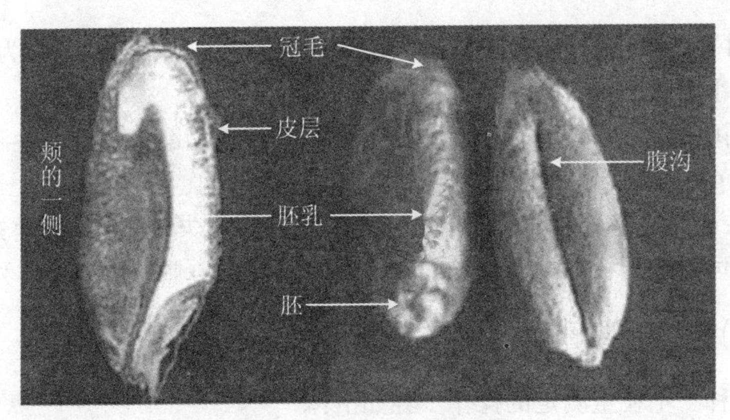

图 2.75 小麦种子形态结构

2. 测定原理

TTC 是一种化学物质,它的汉语名称叫氯化三苯基四氮唑。有人简称其四唑,故此法也被称为四唑法。

凡有生命活力的种子胚部,在呼吸作用过程中都有氧化还原反应,在呼吸代谢途径中由脱氢酶催化所脱下来的氢可以将无色的 TTC 还原为红色的 TTF,而且种子的生命力越强,代谢活动越旺盛,被染成红色的程度越深。死亡的种子由于没有呼吸作用,因而不会将 TTC 还原为红色。种胚生命力衰退或部分丧失生命力,则染色较浅或局部被染色。因此,可以根据种胚染色的部位以及染色的深浅程度来判定种子的生命力。

3. 操作步骤

(1) 取样并切取样品:

从所给预湿的小麦种子中随机数取 4 个样本,每个样本的小麦种子数目为 50 粒。

切取 4 个样品样本,切取方法是用单面刀片沿小麦种子的胚和中轴线将种子纵切为相等的两部分。要求切口平滑、切位正确。切好后,扔掉一半,留下一半,将留下的切口平滑、切位正确的种子放入培养皿中。

(2) 样品染色：

将切好的种子放在培养皿中，倒入0.1%的四唑溶液，使之刚好浸没切好的小麦种子。放入35℃的恒温箱中保温30～60 min后，取出并进行清洗。

(3) 观察、鉴定：

观察种胚的着色是否清楚，把染上红色的种子的胚放在一个培养皿中，把没有染上颜色的放在另一个培养皿中。

(4) 统计、计算：

分别统计出被染色的种子胚个数和未被染色的种子胚个数，然后写出公式，计算并得出结果。

(5) 实训结束，清理实训台面，使之保持清洁。

注意事项：

① 在TTC染色中，只要是有生命力的种子的胚部都被染成鲜红色，而没有生命力的种子，胚部则不染色或胚部的某些部位染色不充分，这是有严格的区分标准的，不能随意判断，否则会影响测量结果的准确性。

② 在比赛过程中，要注意合理安排比赛操作步骤，尽量节省和缩短比赛时间。本技能竞赛主要考核三个方面的内容，即种子的净度分析、植物种子千粒重的测定和种子生命力的测定。在这三项内容中，由于种子生命力的测定要求使用的方法是TTC法，其染色需要的时间较长。因此，在实际比赛中，我们可以在做完种子的净度分析后，先做种子生命力的测定，即按操作要求对大赛组委会提供的已浸泡好的种子进行取样切取，并将之放入染液中置于恒温箱内进行染色，染色时间大约需要30～60 min，之后继续进行千粒重的测定操作。待千粒重的测定操作完成后，染色的时间也已经基本达到要求，接下来便可以进行统计分析，测定和计算种子的生命力了。这样能大大节省比赛时间。

附2.4 安徽省2016年职业院校技能大赛中职组农林牧渔类果蔬嫁接项目赛项规程

一、赛项名称和组别

赛项名称：果蔬嫁接。

赛项组别：中职组。

二、竞赛目的

通过本赛项，考核与展示园艺技术类专业学生的嫁接育苗、穴盘育苗、营养液管理等种苗繁育技能与知识，培养学生的实践操作及生产管理能力，提升学生的职业能力，推进园艺技术及其相关专业建设与教学改革，实现专业与产业对接、课程内容与产业标准对接，培养适应现代园艺产业发展趋势，促进园艺类专业建设与教学改革，提高职业教育的社会认可度，推进学校与相关园艺企业深度合作，更好地实现工学结合的人才培养模式，为园艺行业培养高素质技能型人才。

三、竞赛内容

本赛项以教育部颁布的职业学校相关专业教学指导方案及国家职业技能培训鉴定《蔬菜园艺工》(中级)的实践操作技能要求为标准设置竞赛项目，主要包括西瓜劈接、黄瓜顶端插接两个操作部分，技能竞赛时间为 45 min，总分 100 分。其中西瓜劈接部分时间为 25 min，占总分比重 50%；黄瓜顶端插接时间为 20 min，占总分比重为 50%。具体竞赛内容及考核知识点与技能要求如下：

(一) 西瓜劈接操作

1. 西瓜劈接速度

在规定的 25 min 内按照西瓜劈接的技术要求完成西瓜劈接操作全过程。

2. 砧穗选择

按照西瓜劈接适期要求，从提供的葫芦穴盘苗中选出子叶展开、第一片真叶初现的穴盘苗；从切下的西瓜接穗苗中挑选出子叶充分展开的西瓜接穗苗进行嫁接。

3. 工具消毒

操作人员的手、嫁接刀片、嫁接竹签等嫁接工具要在西瓜劈接前用棉球蘸 75%的酒精进行消毒。

4. 去生长点

用嫁接竹签、嫁接刀片剔除砧木生长点和真叶，应剔除干净。

5. 劈砧木

用刀片沿双子叶内侧方向过轴心向下纵劈 1～1.5 cm，过胚轴心，下胚轴外侧不劈开，宽度不小于接穗横径。

6. 削接穗

在子叶下方 0.5～1 cm 处将接穗下胚轴削成双面楔形，削面长度和砧木切口深度相适对应，长度控制在 1～1.5 cm，楔形面平滑无污染。

7. 结合固定

将楔面全部插入拉开的切口，使楔面一侧与砧木外表皮处于同一平面，用嫁接夹从劈口对侧夹住接穗，接穗楔面与砧木切口不能移位。

8. 嫁接过程

嫁接苗及嫁接工具要做到轻拿轻放，劈砧木、削接穗、砧穗结合等过程应熟练、规范。

9. 整理

保持操作台面清洁卫生，所用工具摆放在原处，在穴盘一端贴上记号标签（包括日期、工位号、天气情况），将嫁接苗整齐摆放在指定位置，并喷雾保湿。

（二）黄瓜顶端插接操作

1. 黄瓜顶端插接速度

在规定的 20 min 内按照黄瓜顶端插接的技术要求完成黄瓜顶端插接操作全过程。

2. 砧穗选择

按照黄瓜顶端插接的适期要求，从提供的南瓜砧木穴盘苗中挑选子叶平展、第一片真叶显露至初展的砧木穴盘苗；从切下来的黄瓜接穗中选出子叶全展、第一片真叶显露之前的黄瓜接穗苗。

3. 工具消毒

操作人员的手、嫁接刀片、嫁接竹签等嫁接工具要在插接前用棉球蘸 75% 的酒精进行消毒。

4. 去生长点

用嫁接竹签、嫁接刀片剔除砧木的生长点和真叶，应剔除干净。

5. 插砧木

用嫁接竹签紧贴子叶的叶柄中脉基部向另一子叶的叶柄基部成 30°～45° 斜插，插孔深度约 0.7 cm；以竹签即将穿透砧木表皮，手指有触感为宜，竹签暂不拔出。

6. 削接穗

在接穗子叶基部约0.5 cm处沿两子叶平行方向向下胚轴方向斜切0.5～0.7 cm的平滑单楔面或双楔面，角度约为30°，切面应平滑无污染。

7. 砧穗结合

拔出竹签，迅速将切好的接穗准确地插入砧木插孔内，使接穗与砧木紧密结合——接穗楔面与砧木斜面紧靠在一起。嫁接苗的四片子叶呈"十"字形交叉。

8. 嫁接过程要求

嫁接苗及嫁接工具做到轻拿轻放，劈砧木、削接穗、砧穗结合等过程应熟练、规范。

9. 整理

保持操作台面清洁卫生，所用工具摆放在原处，在穴盘一端贴上记号标签（包括日期、工位号、天气情况），将嫁接苗整齐摆放在指定位置，并喷雾保湿。

四、竞赛方式

（1）本项目为个人赛，由省内各市在本区域内设置相关专业的中等职业学校的全日制、五年制高职一至三年级（含三年级）的在籍学生（参赛选手年龄须不超过21周岁）内，经选拔组成1个代表队参加比赛。每个代表队可有3名选手参赛，每名选手最多配备1名指导教师，指导教师必须为本校专兼职教师。

（2）根据参赛选手数量平均分场次进行比赛，在领队会上抽签决定技能竞赛的场次，在每场竞赛前30 min，选手进行抽签，确定技能竞赛的工位号。每场次选手竞赛流程为：检录进入候赛室——进入工位——西瓜劈接项目考核——休息、隔离——黄瓜顶端插接项目考核。

（3）本赛项不进行理论考核，并公开技能竞赛的操作内容、考核要点和分值。

五、竞赛规则

（一）报名资格及参赛队伍要求

（1）每个代表队限报3名学生，不得弄虚作假。若在资格审查中发现问题，将取消其报名资格；若在比赛过程中发现问题，将取消其比赛资格；若在比赛后发现问题,将取消其比赛成绩,收回获奖证书和奖品等奖励。

(2) 人员变更:参赛选手和指导教师报名获得确认后人员不得随意更换。

(3) 参赛选手应遵守赛场纪律,服从大赛组委会的指挥和安排,爱护比赛场地的设备和器材。

(二) 熟悉场地和抽签

(1) 比赛前一天下午召开领队会议,宣布竞赛纪律和有关事宜,抽签确定各参赛队的组别,赛前将安排适当的时间熟悉比赛场地。

(2) 每场比赛前 30 min,组织各参赛队检录抽签,参赛选手在竞赛区的工位号、材料及工具等采用抽签方式确定。

(三) 赛场要求

(1) 参赛选手应在指引员指引下提前 15 min 进入竞赛场地(迟到者不予参加比赛),并依照项目裁判长统一指令开始比赛。

(2) 参赛选手进入赛场必须听从现场裁判人员的统一布置和安排,比赛期间必须严格遵守安全操作规程,确保人身和设备安全。

(3) 赛场提供竞赛指定的专用材料和工具,参赛选手不可自带工具。

(4) 参赛选手应认真阅读竞赛须知,自觉遵守赛场纪律,按竞赛规则、项目与赛场要求进行竞赛,不得携带任何通信及存储设备、纸质材料等物品进入赛场,赛场内将提供必需用品。

(5) 参赛选手进入赛场后不得以任何方式公开参赛队及个人信息。

(6) 在竞赛过程中如因材料、设备等原因发生障碍,应由项目裁判长进行评判,若因选手个人原因造成设备故障而无法继续比赛,裁判长有权决定终止该选手或该队进行比赛,若非选手原因造成设备故障的,由裁判长视具体情况做出裁决(暂停比赛计时或调整至最后一批次参加比赛)。如果裁判长确定为设备故障问题,将给参赛选手补足由技术支持人员排除设备故障所耽误的竞赛时间。

(7) 比赛结束前约 3 min,裁判长提醒比赛即将结束。当宣布比赛结束后,参赛选手必须马上停止一切操作,按要求位置站立等候撤离比赛赛位指令。

(8) 参赛选手若提前结束比赛,应由选手向裁判员举手示意,比赛终止时间由裁判员记录,选手结束比赛后不得再进行任何操作,并按要求撤离比赛现场。

(四) 成绩评定

(1) 在赛项执委会领导下,大赛裁判组将严格按照评分标准负责赛项成绩评定，确保比赛成绩准确无误。

(2) 竞赛成绩在所有竞赛结束 3 h 后公布。

六、技术规范

以教育部颁布的职业学校相关专业教学指导方案及国家职业技能培训鉴定《蔬菜园艺工》(中级)规定的知识和技能要求为基础，结合技能型人才培养要求和农业生产岗位需求，培养与我国社会主义现代化建设要求相适应，德、智、体、美全面发展，具有综合职业能力，在生产、服务一线工作的高素质劳动者和技能型人才。

(一) 培养具有专业知识与技能的技能型人才

(1) 培养具备园艺科学的基本知识与技能，从事果树、蔬菜、花卉等作物栽培、良种繁育、工厂化育苗、病虫害防治、农业技术推广等工作，并具有一定生产管理和经营能力的高素质技能型人才。

(2) 掌握蔬菜育苗基质配制、工厂化穴盘育苗、嫁接育苗、营养液配制与管理等现代化育苗新工艺，并对种苗质量进行控制和分析。

(二) 产业、职业技术标准

1. 适用产业

蔬菜、花卉、果蔬、药用植物、茶、经济林等多种产业。

2. 引用职业标准

国家职业标准《蔬菜园艺工》(中级)。

3. 引用技术标准

《蔬菜穴盘苗育苗通则》(CN/T2119－2012)、《育苗技术规程》(GB/T6001－1985)、《蔬菜育苗基质》(NY/T2118－2012)。

七、技术平台

竞赛选用通用的育苗材料、工具、设备，与生产企业一致，符合学生就业岗位需求。

(一) 材料

西瓜砧木采用生长健壮、无病虫害的葫芦穴盘苗(西瓜砧木品种为葫芦苗），接穗采用生长健壮、无病虫害的西瓜幼苗（西瓜品种为广泛种植的早佳8428苗）；黄瓜砧木采用生长健壮、无病虫害的白籽南瓜穴盘苗（黄瓜砧木为白籽南瓜苗），接穗采用生长健壮、无病虫害的黄瓜幼苗（黄瓜品种为津优系列黄瓜苗）。

（二）工具

嫁接操作台（长、宽、高分别为120 cm、65 cm、45 cm）、嫁接刀（采用双面剃须刀片，将刀片沿中线纵向折成两半，用铁剪式铁钳去掉无刃面的一个角，没有去角的一端用胶布包扎）、座凳、时钟、毛巾、瓷盘、培养皿、手持式小型喷雾器、75%酒精、棉球、3种规格的嫁接竹签、标签、记号笔等（由承办单位统一准备）。

八、成绩评定(略)

九、奖项设定

（一）学生奖

本赛项为个体奖。竞赛奖项按成绩排名，一等奖占比10%，二等奖占比20%，三等奖占比30%，并颁发获奖证书。如分数相同，则以完成合格苗总数多者优先，如合格苗总数相同则以先完成者优先。

（二）教师奖

大赛为一、二、三等奖的获奖学生的指导教师颁发相应等级的荣誉证书。

十、赛项安全

（一）安全操作要求

(1) 选手和裁判进入果蔬嫁接赛场，选手统一穿大赛服装，裁判着装得体，所有人员禁止穿带鞋钉的鞋和高跟鞋，禁止携带火柴、打火机等火种进入比赛现场，严禁在比赛现场抽烟，禁止拨打或接听手机。

(2) 竞赛选手必须严格按照安全操作规程独立进行规范操作，确保比赛安全运行。

(3) 竞赛结束后，选手必须将工具放回原处，经裁判允许方可退场。

(4) 比赛期间,若遇突然停电、停水等意外情况,应听从裁判指挥,冷静等待工作人员处理。

(二) 赛场安全保障

(1) 赛场配备防火防爆设备及其他安全设施。

(2) 赛场提供稳定的水源、电源和应急供电设备。

(3) 所有竞赛现场设有紧急逃生指示图,配医护人员及相关医疗应急用品。

(三) 突发事件紧急处理与应急救援

成立比赛期间突发事件处理指挥工作领导小组,并制定竞赛现场应急救援预案。

十一、申诉与仲裁

在比赛过程中若出现有失公正或有关人员违规等情况,代表队领队可在比赛结束后 2 h 之内向仲裁组提出申诉,省大赛办选派人员参加仲裁工作,仲裁组在接到申诉后的 2 h 内组织复议,并及时反馈复议结果。

十二、竞赛观摩(略)

十三、竞赛视频(略)

十四、竞赛须知(略)

第三章　养殖类专业技能训练

实训一　血涂片的制作[1]

将血标本均匀地涂抹在清洁、干燥的载玻片上，经染色后在显微镜下检查，这是血细胞形态学检查的基本方法，临床应用很广，特别是对各种血液病的形态学诊断很有价值。但是，如果血涂片制备不良，染色不佳，常使血细胞的形态学鉴别和诊断发生困难，甚至导致错误的结论，如血膜过厚，细胞重叠缩小；血膜太薄，白细胞多集中于边缘。因此，制备厚薄适宜、分布均匀的血涂片是血液学检验的基本技能之一。

一、实训仪器与材料

显微镜、家鸡血液、载玻片、酒精灯、酒精、瑞氏染色液、擦镜纸、注射器、针头。

二、实训内容与方法

1. 鸡的采血方法

(1) 剪破鸡冠采血数滴。

(2) 静脉采血。将鸡固定，伸展翅膀，在翅膀内侧选一粗大静脉，小心拔去羽毛，用碘酒和酒精棉球消毒，再用左手食指、拇指压迫静脉心脏端使该血管怒张，针头由翼根部向翅膀方向沿静脉平行刺入血管。采血完毕，用碘酒或酒精棉球压迫针刺处止血。一般可采血 10～30 mL。少量采血可从翅静脉采取，将翅静脉刺破以试管盛之，或用注射器采血。

(3) 心脏采血。将鸡侧位固定，右侧在下，头向左侧固定。找出从胸骨走向肩胛部的皮下大静脉，心脏约在该静脉分支下侧；心脏或在肱骨头、股骨头、胸骨前端三点所形成三角形中心稍偏前方的部位。用酒精棉球消毒后在选定部位垂直进针，如刺入心脏可感到心脏跳动，稍回抽针栓可见回血，否则应将针

---

① 对口招生考试技能测试项目。

头拔出，再更换一个角度刺入，直至抽出血液。

若需较大量血，还以采心血为好，固定家禽使其侧卧于桌上，左胸部朝上，从胸骨脊前端至背部下凹处连线的中点处垂直刺入，约 3.3 cm 深即可采得心血。

采完血后，先将血清放置在 37 ℃环境中 2 h，然后再放置在 4°的环境中过夜，这样得到的血清多。也可用针头将凝固的血液划几下，效果比较好。如果成胶冻样，可以使用高速离心机分离出血清。

2. 载玻片的清洁

新载玻片上常有游离碱质，必须用约 1 mol/L HCL 浸泡 24 h 后，再用清水彻底冲洗，干燥备用。用过的载玻片可放入含适量肥皂或合成洗涤剂的清水中煮沸 20 min，再用热水将肥皂和血膜洗净，用清水反复冲洗，干燥备用。如急用载玻片，可将其置 95%酒精中浸泡 1 h，用蒸馏水洗净后，擦干或烘干备用。使用载玻片时，只能手持玻片边缘，切勿用手触及玻片表面，以保持玻片清洁、干燥、中性、无油腻。

3. 血液涂片的制作步骤

(1) 需载玻片 2 张，分别称为玻片 1 和玻片 2(推片)。

(2) 在玻片 1 的一端滴一滴约 3 mm 直径的血滴，将玻片 1 保持水平。

(3) 取另一边缘平整的载玻片 2(推片)，将其前端放在血滴前，与玻片 1 保持 30°角并稍向后移与血滴接触，即见血液沿片 2(推片)下缘散开，使血液展开并充满整个推片的端口。

(4) 一边轻压推片一边将血液按照图 3.1 的箭头方向推动涂抹，至血液铺完血膜为止。

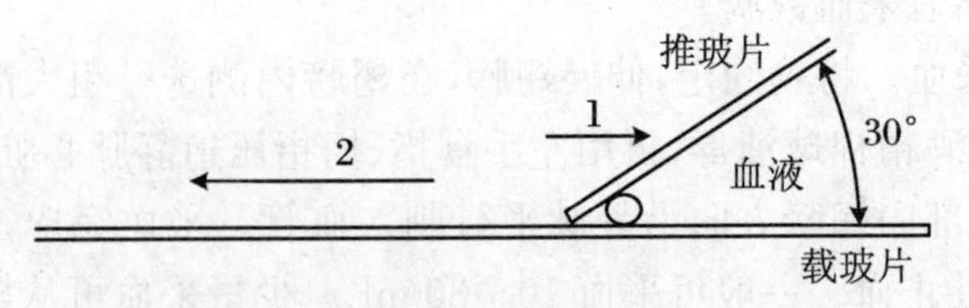

注：将推玻片向方向 1 稍抽回，当血液充满了推玻片的端口后，以一定的速度向方向 2 滑动

图 3.1 血涂片的制作

(5) 挥动玻片 1 使血膜干燥，用蜡笔将血膜边缘圈画以备染色。

(6) 每只鸡制作涂片一张。

(7) 一张良好的血片，要求厚薄适宜，头、体、尾分明。

(8) 放置 30～60 min 后较利于观察血细胞的形态。

4. 染色

(1) 将待染涂片平放于染色架上。

(2) 用滴管将染液滴于涂片上，覆盖整张涂片，放置1～3 min。

(3) 加入等量的磷酸缓冲液或蒸馏水，与染液混匀，可以用滴管从一端吸入，从另一端放出，混匀为止，或用嘴来回轻轻吹之，使之混匀，室温下染色5～10 min。

(4) 染色结束时，先用蒸馏水或缓冲液将涂片上的染液直接冲掉。

(5) 将血片用自来水温和冲洗，直至血液膜呈淡红色。

(6) 甩干或晾干玻片。

目前市售瑞氏快速染液对观察细胞形态快且清晰，但是染液往往破坏红细胞，因此必须用传统的瑞氏染液先覆盖在血膜上，再加入快速瑞氏染液，最后加入缓冲液，其量要充足并充分混匀。在夏季缓冲液和染液宜多一些，染色时间相对要短一些，否则染液很快蒸发，染料沉积于细胞上，不易辨认，影响读片效果。如染色太浅，可按照原来步骤重染。在用自来水冲洗时要缓慢冲洗，使染色液沉渣及染色粒浮去，使其充分起分色作用，去除细胞染色中的浮色，显示出细胞核结构及细胞清晰形态，待干、镜检。涂片如有色渣，可用三种方法清除：一是加伊红-甲基蓝染液于涂片上，略加摆动，使色渣溶于甲醇中，待甲醇挥发，加蒸馏水或缓冲液；二是把血片放水槽中，保持水平，色渣即从玻片边缘溢出；三是把血片呈45°倾斜，用95%酒精徐徐滴涂片上面，至流下酒精变蓝后，清水冲净晾干。涂片如有香柏油，用擦镜纸擦去仍可用酒精处理。判断染液是否起到了染色的作用，可在冲洗染色液前观察染液有无一层黄色的金属光泽，如果没有则表示染色失败。

5. 封片

经染色的涂片完全干燥后，用中性树胶封片保存。

6. 观察

分别用低倍、高倍和油镜观察血涂片，分辨不同的血细胞类型。

7. 注意事项

(1) 要制备良好的血细胞涂片，玻片必须干净。新购置的载玻片常带有游离碱质，必须用约1 mol/L HCL浸泡24 h后，再用清水彻底冲洗，擦干后备用。用过的载玻片可放入含适量肥皂或其他洗涤剂的清水中煮沸20 min，洗净，再用清水反复冲洗，最后用蒸馏水浸洗后擦干备用。边缘破碎、玻面有划痕的玻片不能再用。使用玻片时，只能手持玻片边缘，切勿触及玻片表面，以保持玻片清洁、干燥、中性、无油腻。

(2) 最好使用非抗凝血制备血涂片,也可用EDTA抗凝血制备。使用抗凝血标本时,应充分混匀后再涂片。抗凝血标本应在采集后4 h内制备血涂片,时间过长可引起中性粒细胞和单核细胞的形态学改变。制片前标本不宜冷藏。涂片的厚度、长度与血滴的大小、推片与载玻片之间的角度、推片时的速度及红细胞比容有关。一般认为血滴大、血黏度高、推片角度大、速度快则血膜厚,反之则血膜薄。故针对不同病人应有的放矢,对血细胞比容高、血黏度高的病人应采用小血滴、小角度、慢推;而针对贫血患者则应采用大血滴、大角度、快推。

(3) 血膜应厚薄均匀适度,头尾及两侧压缩有一定的空隙。如血膜面积太小,可观察的部分会受到局限,故应以在离载玻片另一端2 cm的地方结束涂抹为宜。一些体积特大的特殊细胞常在血膜的尾部出现,因此画线时应注意保存血涂片尾部细胞。

(4) 血涂片必须充分干燥后方可固定染色,否则细胞尚未牢固地吸附在玻片上,在染色过程中容易脱落。

三、实训评价

血涂片制备是血液学检查的重要基本技能之一。一张良好的血片,厚薄要适宜,头、体、尾要明显,细胞分布要均匀,膜的边缘要整齐,并留有一定的空隙。

血涂片制备时手工推片法用血量少、操作简单,是最广泛应用的方法。除可获得满意的血涂片外,抗凝的血液标本离心后取其灰白层涂片,可提高阳性检出率。此外,还可根据不同需要(如疟原虫、微丝蚴检查等)采用厚血涂片法。随着自动化程度的提高,出现了自动血液涂片和染色装置。自动的血液涂抹装置主要有两类,一类是离心法,可以将少量细胞浓缩涂片;另一类是机械涂片法,其模拟手工涂片,适用于制备大量血涂片。一般来说,自动血液涂片装置可获得细胞分布均匀、形态完好的血片,但尚未普遍推广。

(1) 染色涂片水冲洗后,应在空气中自然干燥或风干,不可用火烤干。

(2) 染液量要充足,勿使染液蒸发干燥。

(3) 细胞染色过浅或过深,待标本干燥后,立即用瑞氏染液或甲醇重新染色数秒或数分钟。

(4) 保存过久的细胞涂片,细胞染色会退色,可重新染色。

(5) 新鲜涂片应立即染色。

四、实训作业

(1) 血涂片的制备有哪些步骤?

(2) 从外观来判断,一张好的血涂片有哪些特征?

(3) 制备血涂片需要注意哪些事项?

附 3.1 安徽省 2017 年对口招生考试技能测试项目——"血涂片制作"评分标准

序号	评分要点	评分标准	分值
1	载玻片准备	操作准确、规范	12～14
		操作基本准确、规范	6～12
		载玻片准备操作不充分	0～6
2	制作血涂片	操作步骤准确、规范,动作熟练,血涂片薄而匀	23～30
		操作基本准确,动作不很熟练,血涂片基本符合要求	12～23
		动作生疏,操作步骤有严重失误,血涂片不符合要求	0～12
3	干燥	操作准确、规范,动作熟练	14～18
		操作基本准确,动作不很熟练	8～14
		动作生疏,操作步骤有严重失误。	0～8
4	染色	操作准确、规范,动作熟练	18
		操作基本准确,动作不很熟练	8～14
		动作生疏,操作步骤有严重失误	0～8
5	镜检	操作准确、规范,动作熟练,镜下细胞结构清晰	15～20
		操作基本准确,动作不很熟练,镜下细胞结构不够清晰	8～15
		动作生疏,操作步骤有严重失误,镜下细胞结构模糊或无细胞。	0～8
合计			100

说明:本测试分值 100 分,测试时间 30 min。

实训二　鸡的解剖与内脏器官的识别①

一、实训技能要求

(1) 能按要求剖开鸡体,暴露有关脏器。

(2) 能识别鸡的主要内脏器官形态、位置。具体器官形态、位置可参考图 3.2。

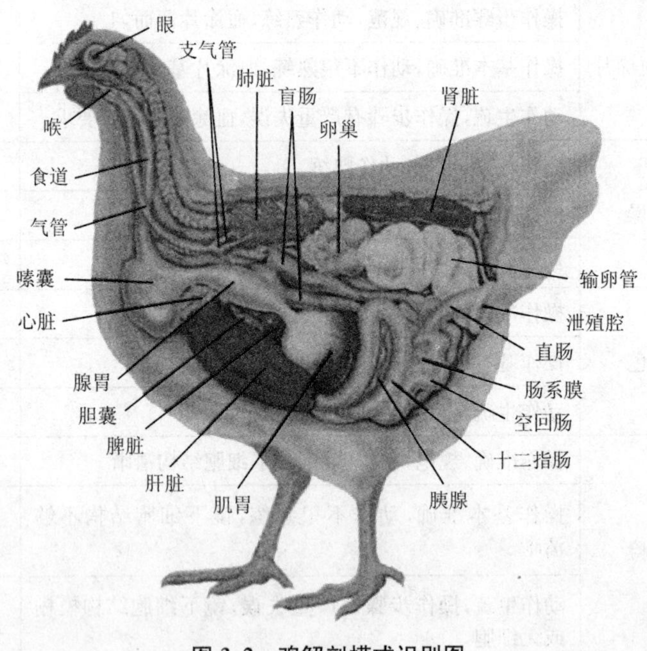

图 3.2　鸡解剖模式识别图

二、实训器械与材料

家鸡 1 只、骨剪 1 把、手术剪 1 把、手术镊 1 个、大小搪瓷托盘各 1 个、消毒

---

① 对口招生考试技能测试项目。

盆1个、污物桶1个、乳胶手套2双、肥皂1块、毛巾1条、隔离衣1件、隔离巾1块、消毒液实训前准备适量等,并准备好操作台。

三、实训步骤及方法

1. 剖前准备

先观察图3.2,记清鸡的各器官的解剖位置。然后仔细清点实验物品是否齐全。

2. 鸡的致死

选择静脉放血或寰枕关节脱臼法等,也可将家鸡放入装有乙醚的钟形罩中或用压胁处死等方式将鸡致死(此法为2016年对口招生考试技能测试所选用方法)。

3. 浸湿羽毛

将鸡的尸体放入盛有消毒液的盆中,缓慢浸湿鸡的颈、胸、腹部羽毛。

4. 固定尸体

首先脱臼其髋关节,然后将鸡的尸体平稳仰卧在铺有隔离巾的大号搪瓷托盘上,最后将其放在操作台上。

5. 剪开皮肤

由喙的腹侧沿颈部、胸部、腹部到泄殖腔剪开皮肤,并向两侧剖离到两翼、后肢与躯干相连处。

6. 剪开腹壁

在胸骨与泄殖腔之间剪开腹壁。

7. 暴露口咽

在头部剪开一侧口咽,至食管的前端,暴露出口咽,观察气囊。

8. 观察内脏

剪除胸骨,展现胸腹腔,观察心、肺、肝、胰、腺胃、肌胃、脾、十二指肠、空肠、回肠、盲肠、肾、腔上囊等内脏器官的形态、位置。如图3.3所示。

9. 术后处理

(1) 尸体处理:用隔离巾将解剖完的鸡的尸体包起放在污物桶中。然后清洗大号搪瓷托盘,并按规定放置。

(2) 手术器械处理:清洗干净骨钳、手术剪、手术镊等手术器械,将其有序放入小号搪瓷托盘中,放在规定的地方以便消毒待用。

(3) 清洁操作台，将消毒液缓慢倒入污物桶中，洗净消毒盆，并将其放在规定的地方。

(4) 脱去手套放入污物桶，将污物桶放到规定地方。然后脱去隔离衣，将其折叠放在指定位置。

(5) 清洁并擦干两手臂，离开实训室。

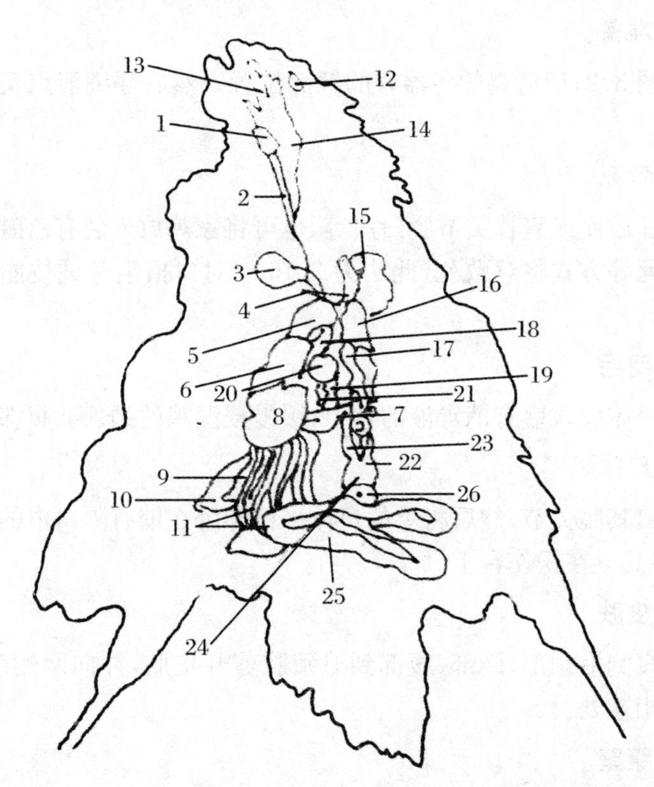

1. 喉　2. 气管　3. 嗉囊　4. 支气管　5. 心脏　6. 肝脏　7. 盲肠　8. 沙囊(肌胃)　9. 胰腺　10. 十二指肠圈　11. 盲肠　12. 眼　13. 嘴　14. 食道　15. 支气管神经　16. 肺　17. 卵巢　18. 前胃　19. 肾脏　20. 脾脏　21. 胆囊　22. 输卵管　23. 大肠　24. 泄殖腔　25. 小肠　26. 肛门

图 3.3　鸡的解剖结构图解

附3.2 安徽省2017年对口招生考试技能测试项目——“鸡的解剖与内脏器官的识别”评分标准

序号	测试内容	分值	评分标准
1	鸡的致死	10	将鸡致死方法正确得10分,有误不得分
2	浸湿羽毛	5	解剖前对鸡羽毛处理正确得5分,否则酌情扣分
3	固定尸体	5	摆放方式正确者得5分,有误酌情扣分
4	剪开皮肤	10	皮肤切开方法正确得5分,否则酌情扣分;正确剥离皮肤者得5分,不正确酌情扣分
5	剪开腹壁	15	(1) 正确切开腹壁得5分,不正确不得分; (2) 由腹壁切口正确切开腹腔得5分,反之酌情扣分; (3) 暴露内脏器官方法正确得5分,不正确酌情扣分
6	观察气囊	10	(1) 观察气囊方法正确得5分,观察方法不正确不得分; (2) 观察完气囊剪除胸骨得5分,不剪除胸骨不得分
7	识别内脏器官	35	(1) 正确识别消化器官和心脏、脾脏得15分,找不到或找错相关器官酌情扣分; (2) 正确识别呼吸器官得5分,否则酌情扣分; (3) 正确识别泌尿器官得5分,否则酌情扣分; (4) 正确识别生殖器官得5分,否则酌情扣分; (5) 正确识别胸腺和法氏囊得5分,否则酌情扣分
8	术后处理	10	(1) 正确处理解剖完的鸡得5分,否则酌情扣分; (2) 正确处理有关器械用品得5分,否则酌情扣分
合　计		100	

说明:本测试分值为100分,测试时间60 min。

实训三　鸡的病理剖检及镜检①

鸡的病理剖检

一、实训准备

（一）常用消毒液的配制和使用

1. 0.25%新洁尔灭消毒液

配制方法：一般新洁尔灭原溶液浓度为5%，用量筒量取9 500 mL水倒入配液桶（其他容器如烧杯也可），再用量筒量取5%的新洁尔灭溶液50 mL倒入配液桶，搅拌混匀后备用，贴上标签，注明名称、浓度、配制时间、配制人，24 h后更换。

主要用于皮肤、工具、设备、房间的清洁和消毒。

2. 3%(5%)来苏儿(甲酚皂)消毒液

配制方法：用量筒量取10 000 mL水倒入配液桶中，再用量筒量取50%的来苏儿溶液640 mL（1 100 mL）倒入配液桶中，搅拌混匀后备用，贴上标签，注明名称、浓度、配制时间、配制人，24 h后更换。

3. 75%酒精溶液

配制方法：用量筒量取95%的医用酒精7 890 mL倒入配液桶中，加水2 110 mL，搅拌均匀后，用酒精比重计测溶液酒精度，用水或酒精补足至酒精度达到75%后密封保存备用，贴上标签，注明名称、浓度、配制时间、配制人，24 h后更换。

4. 3%双氧水溶液

配制方法：用量筒量取9 000 mL倒入配液桶中，再用量筒量取30%的双氧

① 国家、省级、市级技能竞赛项目。

水 1 000 mL 倒入配液桶，搅拌混匀后备用，贴上标签，注明名称、浓度、配制时间、配制人，24 h 后更换。

注意事项：

(1) 酒精溶液配制完毕后必须密封保存。

(2) 新洁尔灭与肥皂等阴离子表面活性剂有配伍禁忌，易失去杀菌效力，操作时用肥皂洗手后必须把手清洗干净。

(3) 配制人员必须佩带橡胶手套，避免烧伤。

（二）禽类的解剖步骤

禽病直接威胁着养禽业的发展，给养殖业造成很大的损失。为了促进养殖业健康发展，加强禽病预防势在必行。那么，如何才能及时、有效地预防禽病呢？目前病理剖检是诊断禽病的一种重要手段。通过病理剖检所能观察到许多禽病的特征性病理变化，再结合发病情况、流行特点及临床症状，一般可以确诊。下面介绍禽类的解剖步骤。

1. 病禽外观检查

(1) 群体营养状况的观察。观察羽毛是否蓬乱，有无污秽和脱毛情况；皮肤有无出血、肿胀、淤血、化脓、坏死、结痂等情况。

(2) 观察天然孔的分泌物。观察有无分泌物及其物理性状，如颜色、形状、气味等。

(3) 个别检查可视黏膜是否有充血、淤血、出血、贫血等病变。

(4) 观察泄殖腔周围的羽毛。观察有无粪便污染及其物理性状，如粪便颜色、气味等。

(5) 仔细观察关节、腿、爪（蹼）有无肿胀、扭曲、粗大、变形或其他异常情况。

2. 常见的几种处死病禽的方法

(1) 颈部放血法（静脉放血法）：

剪断鸡的颈部静脉，放血致死。

致死的标志：痉挛期过去，不再挣扎，提肛反射消失。

(2) 颈椎脱臼法（寰枕关节脱臼）：

一手抓住家禽的两翅将其固定，另一只手的四指旋转家禽的头部并将其固定在操作台沿上，拇指按压寰枕关节使其脱臼即可。

(3) 其他方法：

还可采用击打法、断头法、二氧化碳吸入法致死。

① 击打法：右手抓住并提起动物，用小木槌、剪刀等器物用力击打头部

致死。

② 断头法：用刀在家禽颈部将禽头剪掉，由于切断了脑脊髓，同时大量失血，动物将很快死亡。目前，国外多采用断头器断头法。将动物的颈部放在断头器的铡刀处，慢慢放下刀柄接触动物颈部，用力按下刀柄，将头和身体完全分离，这时会有血液喷出，要多加注意。

③ 二氧化碳吸入法：此法安全、人道、迅速，被认为是处死家禽的理想方法，国外多采用此法。可将多只家禽同时置于一个大箱或者塑料袋内，然后充入二氧化碳，密封。家禽在充满二氧化碳的容器内，1～3 min 内即死亡。

(3) 禽尸剖检的方法和步骤：

① 浸湿羽毛：将病死禽或处死禽浸于常水或消毒水中使羽毛浸湿，洗去尘垢、污物。

② 固定尸体：把病死禽放在操作台上铺有隔离巾的大号金属托盘中，然后将腹壁和大腿内侧的皮肤切开，用力将大腿按下，使髋关节脱臼，将两只大腿向外展开，从而固定尸体。

③ 剪开皮肤：于胸骨末端后方将皮肤横切，与两侧大腿的竖切口连接，然后将胸骨末端后方的皮肤拉起，向前用力剥离到头部，使整个胸腹及颈部的皮下组织和肌肉充分暴露，仔细观察胸腺的颜色、体积及有无水肿、出血等病理变化。检查皮下组织和肌肉是否存在病变(如水肿、出血、结节、变性、坏死等)。

④ 暴露坐骨神经：剪开内收肌，分离组织，暴露坐骨神经，然后用剪尖将其挑起。

⑤ 剪开胸骨：在胸骨后腹部横切穿透腹壁，从腹壁两侧沿肋骨头关节处向前方剪断肋骨和胸肌，然后握住胸骨用力向上向前翻拉，除去胸骨露出体腔，观察内脏病变情况(如位置、颜色、腹水性状及有无肿胀、充血、出血、坏死等)。

⑥ 取出消化道和器官：术者用手指伸到肌胃下，向上勾起，从腺胃前端剪断，在靠近泄殖腔处把肠剪断，将整个消化道连同脾脏取出。小心切断肝脏韧带并连同心脏一起取出。如果是公禽注意保留完整的睾丸；如果是母禽可把卵巢和输卵管取出，使肾脏和法氏囊显现出来。用小镊子将陷于肋间的肺脏完整取出。

⑦ 暴露口咽，检查鼻腔及眶下窦：从嘴角一侧剪开至食管和嗉囊，暴露口咽，剪开气管。从鼻孔上方切断鸡喙，露出鼻腔，用手挤压，检查分泌物的性状和鼻腔及眶下窦有无病变。剪开眶下窦，剥离头部皮肤，用弯尖剪剪开颅腔，露出大脑、小脑。在大腿内侧剪去内收肌，暴露出坐骨神经。

⑧ 其他检查：对于脊柱两侧、肾脏后部的腰荐神经，肩胛和脊椎之间的臂神经，颈椎两侧、食管两旁的迷走神经，若需要时，可分别重点检查。

(4) 注意事项：

① 病禽的病理剖检，要抓住特征性病变。

② 对某个群体的疾病诊断要结合临床症状，随机抽样发病禽，尽量多剖检几只，以掌握其共性病变，并注意鉴别新鲜病例与陈旧病例的差异，达到尽量减少误诊发生的目的

③ 要结合发病情况、流行特点进行病史调查，全面认识疾病发生、发展的全过程，掌握其发病规律，才可做出正确结论。

④ 对于不典型病变或疑似病例，须进行实验室检验，查清病原，才能予以确诊，并采取相应有效的防治措施。

肝脏组织触片的制作及镜检

一、实训目标

(1) 熟练掌握组织触片的制备技能。

(2) 会进行常规染色，学会不同的染色方法。

(3) 熟练掌握肝组织触片镜检的技能。

二、实训材料

酒精灯1个，载玻片、吸水纸、亚甲蓝染色液、革兰染色液、瑞氏染色液若干，染色缸1个、染色架1个、洗瓶1个、显微镜1台，香柏油、擦镜纸适量，无菌镊子和手术剪各1把。

三、实训步骤

(一) 肝脏组织触片的制作

肝组织触片标本的制作可分为制作——固定——干燥三个步骤。

1. 制作触片

取洁净载玻片1块(不洁净的要用酒精棉球擦净，置火焰上方来回通过数次)，点燃酒精灯，用经过火焰灭菌的镊子夹起组织，用灭菌剪刀剪下小块组织，将组织切面在载玻片上等距离轻压几下，使其留有组织切面的压迹。或用烧灼

后的刀(或烙铁)在病料表面烧烙灭菌后,用灭菌刀挖取一小块组织,用灭菌镊子夹取后作触片。要求触片薄而均匀(以透过涂面能看见手上的指纹为度)。用毕的镊子和手术剪要放在酒精灯上灼烧后保存。

2. 干燥触片

可在室温下自然干燥,必要时将涂片面向上,置火焰上方来回微烤使其干燥。

3. 固定触片

干燥后,将涂面向上,在火焰上快速来回通过2～3次,其温度以手背接触玻片底面感觉微烫为宜。组织触片、血片用姬姆萨染液染色时要用甲醇固定。固定的目的是使细菌的蛋白质凝固,形态固定,染色时不变形,易于着色,水洗时不易被冲掉。

4. 染色

对于固定好的触片,可根据实际参照下文"常用的细菌染色方法"中的一种进行染色。

(三) 常用的细菌染色方法

1. 亚甲蓝染色方法

在已固定好的抹片上,滴加适量亚甲蓝染色液覆盖涂面,染色2～3 min,水洗,用吸水纸轻压吸干或晾干后镜检,结果菌体呈蓝色。

2. 革兰染色法

(1) 在固定好的抹片上,滴加草酸铵结晶紫染色液,染色1～3 min,水洗。

(2) 加革兰氏碘液,作用1～2 min,水洗。

(3) 加95%的酒精脱色约30～60 s左右,水洗,吸干后镜检。

(4) 加稀释石炭酸复红,复染30 s左右,水洗,吸干后镜检。

结果:革兰阳性菌呈蓝紫色,革兰阴性菌呈红色。

3. 瑞氏染色法

细菌抹片自然干燥后,滴加瑞氏染色液于触片上以固定标本,1～3 min后,再滴加与染色液等量的磷酸缓冲液或中性蒸馏水于玻片上,轻轻摇晃使其与染色液均匀混合,约5 min后水洗,干燥后镜检,结果菌体呈蓝色,组织细胞等呈其他颜色。

(四) 常用染色方法的注意事项

(1) 时间控制要准确,以免出现染色过度或脱色不够的现象。

(2) 用水冲洗时一定要用较细的水流冲洗，以防止玻片上标本被冲走。

(3) 触片要大小合适、均匀，厚度要适宜且有一定的面积。

(4) 可用酒精灯火焰烧灼手术剪或玻片，烫灼选定的肝组织表面。

(5) 在玻片上轻轻触压肝组织 2～3 下，制作触片 2 张，每张触片应取不同部位的肝组织。

(五) 常用染色液的配制

1. 碱性亚甲蓝染色液

甲液：亚甲蓝 0.3 g、95%酒精 30 mL。

乙液：0.01%苛性钾溶液 100 mL。

先配置甲液，将亚甲蓝放入研钵中，徐徐加入酒精研磨均匀后，把甲、乙两液混合，过夜后用滤纸过滤即成。新鲜配制的亚甲蓝液染色效果不好，陈旧的染色效果较好。

2. 革兰染色液

(1) 草酸铵结晶紫溶液：

甲液：结晶紫 2 g、95%酒精 20 mL。

乙液：草酸铵 0.8 g、蒸馏水 80 mL。

将结晶紫放入研钵中，加酒精研磨均匀制成甲液，然后将完全溶解的乙液与甲液混合即成。

(2) 卢戈碘液：

碘 1 g、碘化钾 2 g、蒸馏水 300 mL。将碘化钾放入研钵中，加入少量蒸馏水，使其溶解，再放入已研磨的碘片，徐徐加水，同时充分磨匀，待碘片完全溶解后，把余下的蒸馏水倒入，再装入瓶中。

(3) 石炭酸复红稀释液：

取碱性复红酒精饱和溶液（碱性复红 10 g 溶于 95%的酒精 100 mL 中）1 mL和 5%石炭酸水溶液 9 mL 混合，即为石炭酸复红原液。再取原液 10 mL 和 90 mL 蒸馏水混合，即成石炭酸复红稀释液。

3. 瑞氏染色液

取瑞氏染料 0.1 g，纯中性甘油 1 mL，在研钵中混合研磨，再加入甲醇 60 mL，使其溶解，装入中性瓶中过夜，次日过滤，盛入棕色瓶中，保存于暗处。保存越久，染色越好。

4. 姬姆萨染色液

取姬姆萨染料 0.6 g，加入甘油 50 mL，置于 55～60 ℃水浴箱中，2 h 后加入甲醇 50 mL,静置 1 天以上,过滤后即可使用。

(六) 镜检

1. 显微镜的使用

按照显微镜的规范流程使用显微镜,按照要求推荐使用 BM-2000 型号。

2. 注意事项

(1) 接通显微镜电源,打开开关,调节亮度,确保亮度合适。注意:

$$放大倍数=物镜倍数\times目镜倍数$$

(2) 先用低倍、高倍镜找到视野,再使用油镜,操作顺序正确,镜头转换操作规范。

(3) 显微镜复位操作顺序正确,操作规范。

(4) 认真做好显微镜的清洁与保养。

(5) 要求正确使用油镜,确保视野内组织细胞、血细胞及细菌结构清晰。

(七) 报告的填写与病料处理

1. 填写实训报告

依据所观察的病理变化情况如实填写实验报告。

2. 病料处理

按照生物学安全标准要求,规范、合理处理病鸡及废弃物。也可采取"鸡的解剖与内脏器官识别实训"中的"术后处理"办法进行处理。

3. 显微镜的处理

将显微镜擦拭清洁并复位,然后再套上防尘罩,放置原位。

附 3.3 关于鸡的几种常见病变说明

1. 营养状况

(1) 肥胖(胸肌丰厚):可考虑急性传染病、急性中毒病、中暑等。

(2) 消瘦(胸肌菲薄,龙骨明显可见):可考虑一些慢性病,如结核、寄生虫病、慢性中毒病;某些代谢疾病,如蛋白质缺乏症、跛行、失明等。

2. 头部病变

(1) 冠暗紫色:宜考虑某些烈性传染病,如新城疫、巴氏杆菌病、流感、中毒等。

(2) 冠苍白:可考虑一些原虫病和蛋白质缺乏症的可能。如卡氏白细胞虫病、球虫病、蛔虫病、绦虫病、马立克氏病、啄伤或断喙流血不止、肝破裂、蛋白质缺乏症。

(3) 肉髯及面水肿:可考虑传染性鼻炎、慢性禽出败、禽流感、绿脓杆菌病。

(4) 眼炎与鼻炎:其中眼炎包括结膜炎、角膜炎和全眼球炎等。可考虑是否患一些呼吸系统的疾病(如传喉、传支、霉形体病等)、眼型鸡痘、氨气浓度过大等。

(5) 灰眼(虹膜色素消失变成灰色):可考虑眼型马立克氏病。

(6) 眶下窦炎(窦肿,早期有黏液,后期有豆渣样物):可考虑是否患上传染性鼻炎、霉形体病、禽流感。

(7) 痘疹:多处出现痘疹和暗褐色痂一定是鸡痘。

(8) 哈氏腺出血:可能患上病毒性疾病,如新城疫、禽流感等。

3. 皮肤及皮下病变

(1) 腹部皮下出血水肿:腹部皮肤呈紫色,皮下水肿,剪开时流出稍黏稠的蓝色液体,可能是维生素 E 和硒缺乏症。

(2) 皮炎:局部出现紫红、脱羽当考虑葡萄球菌病的可能。

(3) 寄生虫感染:翅膀和腿内侧以及胸肌两侧皮肤出现绿豆大半球形痘疹病灶,周围隆起,中间凹陷,中央有一小红点即幼虫,可能是新勋恙螨。

(4) 肿瘤:患皮肤型马立克氏病时,鸡的颈、躯干和腿部可形成大小不一的较硬结节,切面呈灰白色。

(5) 外伤:背部、尾部、翅膀、脚趾等处出现伤口要考虑啄癖的可能。

(6) 皮肤或趾部有肿块,形成血瘤,碰破后血流不止,可能是传染性贫血或白血病(俗称血管瘤)

4. 关节病变

当鸡患上葡萄球菌病、巴氏杆菌病、大肠杆菌病、滑液霉形体病、鸡白痢病时,可出现关节炎病变。

在鸡的钙磷比例失调或缺乏时,会出现关节肿大、跛行、瘫痪等症状;在鸡患上病毒性关节炎时可出现跗关节上下肿胀,呈半球状突起的病灶,切开病灶有淡白色黏液流出,伴有腱和腱鞘水肿、腱断裂、局部出血等腱鞘炎的病变;葡萄球菌病会在鸡的足底及足趾间形成较大的脓肿。

另外,家禽在患上维生素 B2 缺乏症等一些营养不良性疾病时,还会出现足趾向内卷曲的症状。

附 3.4 安徽省2016年职业院校技能大赛中职组农林牧渔类鸡的病理剖检及镜检项目赛项规程

一、赛项名称和组别

赛项名称:鸡病理剖检及镜检。

赛项组别:中职组。

二、赛项目的

本赛项考核的核心技能是鸡的病理剖检技术与组织器官病变的肉眼判断与识别、肝组织触片制作与无菌操作、触片染色方法、显微镜使用与检查、病理报告的书写方法等技能。本赛项考核的核心知识是动物生理解剖、动物病理、动物微生物、畜禽疾病诊断等专业知识。

本赛项由学校、行业、企业共设,是中职畜牧兽医专业的核心技能,通过技能竞赛能有效促进学校增加相关实训设备的投入,加强核心技能的训练,提高学生对本专业的学习兴趣与热情,掌握动物病理、微生物及畜禽疾病诊断等专业知识和技能,提高中职畜牧兽医专业的人才培养质量。

该赛项可作为经典的教学实训项目或教学案例纳入专业实践教学课程体系,以推动项目式教学。此外,本项目引入企业资源,可较好地推进校企业合作,共同培养畜牧兽医行业一线技能型人才。

三、比赛内容与规则

1. 比赛内容

本赛项主要考察对病鸡的病理剖检及镜检技能,时间为 90 min,核心技能包括鸡的病理剖检及识别、制备肝组织触片、染色镜检、病料处理以及鸡病理剖检报告等。本赛项须严格按照行业要求,对该赛项的核心技能操作进行评比,要求外观检查操作规范,消毒方法正确,死鸡摆置得当,剖检方法正确,桌面整洁,肝组织采样无菌操作规范,触片大小、厚度适宜,触片操作正确,染色流程规范,显微镜操作规范,镜内视野清晰,病料处理方法规范合理,外观、剖检病变识别及镜检结果准确,记录填写规范、完整,综合结论准确。

2. 比赛规则

(1) 参赛学生须持本人身份证与参赛证参加比赛。

(2) 参赛选手出场顺序、位置及竞赛所用材料、工具由抽签决定,不得擅自变更、调整。

(3) 参赛选手提前30 min检录进入赛场,并按照指定位号参加竞赛。迟到15 min者,取消竞赛资格;竞赛开始30 min后,选手方可离开赛场。

(4) 选手在竞赛过程中不得擅自离开赛场,如有特殊情况,需经评委(裁判)同意。选手若需休息、饮水或去洗手间等,耗用时间计算在比赛时间内。

(5) 竞赛时间结束,参赛选手应立即停止操作,不得以任何理由拖延竞赛时间。选手操作完成后,在"实际操作现场记录表"上签名确认后,方可离开赛场。

四、比赛方式

以省内各市为单位组织代表队。由各市在本区域内设置相关专业的涉农中等职业学校(含职业中学)在籍学生及农广校学生中,经选拔组成1个中职代表队参加比赛,每代表队限报2组。比赛以团队方式进行,每组参赛学生2名。

五、评分标准制定原则、评分方法、评分细则

比赛评分采用百分制。每一位选手都由该项目组的3名裁判员分别对其进行评分,最后取其平均分值。

比赛评分细则见表3.3。

表 3.3　项目技能竞赛评分标准

序号	考核内容	考核要点	分值	评分标准
1	鸡的病理剖检（22 分）	外观检查操作规范性	4	外观检查：头部、脚、泄殖腔、羽毛、皮肤等部位及营养状况；4 分
		消毒方法，死鸡摆放	4	消毒方法操作规范；2 分
				髋关节脱位，摆放稳固；2 分
		病理剖检方法，操作规范性	10	皮肤切开方法正确；1 分
				剥离颈、胸、腹部皮肤，并检查皮下组织、肌肉等部位；1 分
				器械消毒，腹部切口，分别向前剪断胸肋骨、乌喙骨及锁骨，向上翻开胸壁，充分显露胸腹腔脏器；3 分
				检查主要器官；5 分
		桌面整洁度	4	视具体情况酌情打分；4 分
2	制备肝组织触片（20 分）	肝组织采样，操作规范性	10	酒精灯火焰烧灼手术剪或玻片，烫灼选定的肝组织表面；5 分
				烧灼手术剪及镊子，稍冷却后在烫灼处采集肝组织；5 分
		触片制作、触片大小厚度	10	在玻片上轻轻触压肝组织 2～3 下，制触片 2 张，每张触片应取不同部位的肝组织；6 分
				触片大小及厚度适宜，视具体情况酌情打分；4 分
3	染色（10 分）	触片处理方法	4	触片自然干燥；2 分
				用玻璃铅笔在玻片上划画及标识；2 分
		染色流程规范性	6	加瑞氏染色液染 2～3 min；3 分
				加缓冲液混合均匀，静置 2～5 min；2 分
				吸水纸使用合理；1 分

续表

序号	考核内容	考核要点	分值	评分标准
4	镜检(20分)	显微镜操作规范性	10	接通显微镜电源,打开开关,调节亮度;2分
				先用低倍镜、高倍镜找到视野,再使用油镜,顺序正确,镜头转换操作规范;4分
				显微镜复位操作顺序正确,操作规范;2分
				显微镜的清洁与保养操作规范;2分
		视野清晰度	10	能用油镜在显微镜下找到视野;6分
				视野内组织细胞、血细胞及细菌结构清晰;4分
5	病料处理(8分)	病料处理方法	8	规范处理病鸡及废弃物;8分
6	鸡病理剖检记录(20分)	外观、剖检病变识别及显微镜检查结果记录情况	11	外观检查结果记录,内容填写准确,用词规范;3分
				剖检检查结果记录,内容填写详实准确,用词规范;8分
		综合结论准确性	9	显微镜检查结果记录,内容填写正确,用词规范;6分
				结论准确,用词规范;3分
总　分			100	

六、奖项设置

比赛项目只设团体奖。奖项分为一等奖、二等奖、三等奖,比例为参赛组数的10%、20%、30%。获奖选手由省大赛办颁发证书。

大赛为一、二、三等奖的等级获奖选手的指导教师颁发相应等级的荣誉证书。

七、技术规范

本赛项的专业教育教学要求为:熟练掌握鸡的病理剖检方法,要求外观检查操作规范,消毒方法正确,死鸡摆置得当,剖检方法正确,桌面整洁;掌握肝组织触片的制备技能,要求肝组织采样无菌操作规范,触片大小、厚度适宜,触片操作正确;染色及镜检操作规范,要求染色流程规范,显微镜操作规范,镜内视野清晰,病料处理方法规范合理;掌握鸡病理剖检记录方法,要求外观及剖检病变识别准确,记录填写规范、完整,以及综合结论准确。

为满足上述要求,本赛项以国家职业标准“中级动物疫病防治员”规定的知识和技能要求为基础,鸡病的诊断可参考中华人民共和国农业行业标准《禽霍乱(禽巴氏杆菌病)诊断技术》(NY/T 563 — 2002)执行,瑞氏染色法可参考中华人民共和国国家标准 GB 4789.28 — 94 中 2.6 等的相关规定执行。

八、比赛器材和技术平台

本竞赛项目比赛使用仪器、设备与材料器见表 3.4。

表 3.4 项目竞赛用仪器、设备与材料

序号	设备及软件	规格说明
1	实验台	
2	实验动物(鸡)	
3	显微镜	江南永新 BM2000
4	手术剪	16 cm
5	骨钳	16 cm
6	手术镊(有钩、无钩)	12.5 cm
7	医用橡胶检查手套	
8	搪瓷方盘	35 cm×50 cm
9	消毒液	苯扎溴铵
10	载玻片	帆船
11	染色液(瑞氏)	20 mL
12	染色缸	直径 20
13	量筒	500 mL
14	酒精灯	帆船
15	吸水纸	帆船

续表

序号	设备及软件	规格说明
16	显微镜清洗液	自制
17	骨剪	普通
18	一次性口罩	通用
19	一次性防护服	通用
20	试管夹	普通
21	火柴或打火机	普通
22	酒精棉球	自制
23	磷酸盐缓冲液	pH 6.4
24	染色架	普通
25	洗瓶(水)	普通
26	香柏油	15 mL
27	显微镜擦镜纸	10 cm×15 cm
28	垃圾桶	普通
29	垃圾杯	塑料
30	尸体袋	普通
31	玻璃铅笔(蜡笔)	普通

九、安全保障

比赛用实验动物(鸡)符合生物安全规范。比赛场所按相关技术规范与要求设计。

赛场设置警戒线,赛场有人 24 h 看管;比赛前两天起,赛场实行全方位封闭,除工作人员外,选手和指导老师等非工作人员不准进场。

十、竞赛观摩

为了不影响选手进行本项目的比赛,采取分批、分期的方法到赛场指定观摩地点,通过监控视频来进行观摩。

观摩时应服从组委会的统一安排,分批进入指定的赛场观摩地点;在观摩时,不得大声喧哗;不得擅自进入赛场;不得对选手进行暗示;不得抽烟等。

十一、申诉与仲裁

本赛项在比赛过程中若出现有失公正或有关人员违规等情况，代表队领队可在比赛结束后2 h之内向仲裁组提出申诉。省大赛办选派人员参加仲裁工作。仲裁组在接到申诉后的2 h内组织复议，并及时反馈复议结果。

十二、鸡病理剖检记录

表3.5 鸡病理剖检记录表

工位编号				
病禽特征	品种	/	日龄	/
外观检查记录				
剖检地点	/	剖检时间		
剖检检查记录				
显微镜检查结果				
综合结论				
剖检者	填写选手抽签号			
				年　月　日　时

实训四　识别饲料原料[①]

一、实训目的

通过实习，能使学生基本掌握畜禽常用饲料的名称、形状、性质、使用及注

① 对口招生考试技能测试项目。

意事项等要求。

二、预备知识

1. 玉米

又叫玉蜀黍、苞谷、苞米、棒子等。为一年生禾本科植物玉米的种子。根据籽粒的颜色,可分为黄玉米和白玉米两种。玉米富含淀粉及多种维生素,粗纤维少,易消化,适口性好,是重要的能量饲料,但蛋白质含量较低,一般在8%～11%左右。我国北方玉米栽培较多,它既是一种重要的杂粮,同时又是优质的饲料,被称为“饲料之王”。在畜牧业饲料的生产加工中应用极广。是生产各种饲料的主要原料。同时,玉米的秸秆也通常用作粗饲料。图3.4是田间生长的玉米,图3.5是玉米的果实,图3.6是目前经常用作饲料的玉米种子。

图3.4　田间生长的玉米

图3.5　玉米果实

图 3.6　玉米种子

2. 水稻、稻壳、米糠与稻草

水稻为一年生禾本科植物水稻的种子。水稻是我国重要的粮食作物。图 3.7 为田间生长的水稻，图 3.8 为收获的稻谷。稻谷去壳后即得到大米，得到的稻壳属于粗饲料，如图 3.9 所示。米糠是大米加工的副产品，属能量饲料中的糠麸类。一般来说，米糠中各组成部分及含量占比为：蛋白质 15%、脂肪 16%～22%、糖 3%～8%、水分 10%，热量大约为 125.1 kJ/g。脂肪中主要的脂肪酸大多为油酸、亚油酸等不饱和脂肪酸，并富含维生素、植物醇、膳食纤维、氨基酸及矿物质等。水稻的秸秆称为稻草，经过碾压等加工后也是优良的粗饲料，如图 3.10、图 3.11 所示。

图 3.7　田间生长的水稻

图 3.8　稻谷

图 3.9　稻壳

图 3.10　稻草垛

图 3.11 稻草

3. 大麦

大麦为一年生禾本科大麦属植物大麦的种子，富含多种营养成分，与小麦成分类似。但纤维素含量略高，是重要的能量饲料。图 3.12 为田间种植的大麦，图 3.13 为大麦的种子。大麦的秸秆经碾压加工变得柔软后也是优良的动物粗饲料。

鉴别水稻与大麦时注意：水稻表皮粗糙，去皮后是白色大米；大麦皮较光滑，剥皮后呈棕色。

图 3.12 田间生长的大麦

图 3.13　大麦的种子

4. 小麦、麦麸与麦秸

小麦是我国北方主要的粮食作物，是一年生或越年生禾本科植物小麦的果实，富含多种营养成分，以淀粉含量最高，蛋白质含量约10%～13%。

小麦经机械加工后即可得到日常食用的面粉，加工成面粉后剩余的副产品俗称麦麸，又叫麸皮，一般精粉的麸皮营养价值较高，富含多种蛋白质和维生素，是动物生产中常用的饲料。图3.14是收获的小麦籽粒，图3.15是田间生长的小麦，图3.16为麦麸。

图 3.14　小麦籽粒

图 3.15　田间生长的小麦

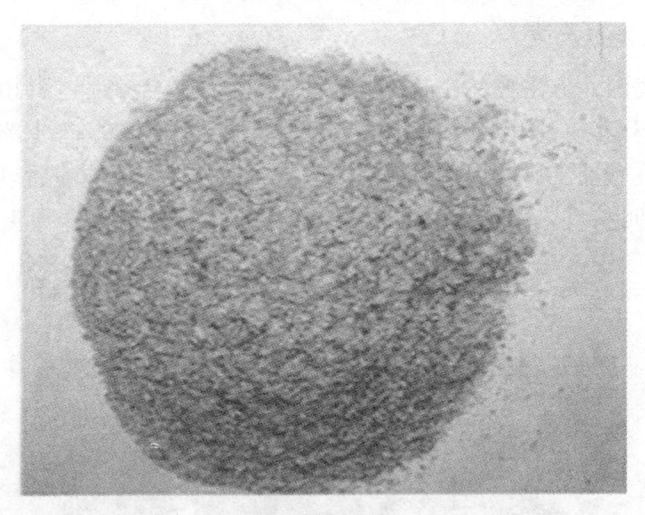

图 3.16　麦麸

小麦的秸秆经过碾压变得柔软后叫麦秸。在过去,麦秸是我国中原和北方地区大型牲畜(如牛)的主要饲料,图 3.17 是小麦产区农民垛好的麦秸垛。图 3.18 是麦秸,经铡碎后即可供牲畜取食。

图 3.17　麦秸垛

图 3.18　麦秸

5. 高粱

高粱为一年生禾本科植物高粱的果实。在我国北方，高粱又叫小蜀黍，富含淀粉，蛋白质含量约为10%。曾是我国北方地区重要的杂粮。也广泛应用于酿酒。目前，除酿酒外，也广泛应用于动物饲料。图3.19是生长于田间的高粱。图3.20是收获的高粱种子。

图 3.19　田间生长的高粱

图 3.20　高粱种子

6. 大豆与豆粕、豆秸

大豆是豆科植物。它既是重要的蛋白质作物，同时也是重要的油料作物。在畜牧业生产上，也是优质的饲料，有“植物蛋白之王”的美称。大豆中蛋白质的含量大约为 40%，油分占 20%左右，两者之和达 60%或者更多；碳水化合物含量相对低一些，在 25%上下；无机物占 5%～10%。图 3.21 是生长在田间的大豆植物，图 3.22 是大豆的种子。

将大豆作为油料作物时，利用物理压榨或者化学浸出等工艺，提取其油分后所得的副产品中，经物理压榨工艺得到的称豆饼，经浸出工艺得到的叫豆粕。豆粕的蛋白质含量很高，可以达到 40%～45%，是优良的蛋白类饲料，如图 3.23所示。大豆脱粒后得到的秸秆叫豆秸，是常见的粗饲料。其木质素含量较高，营养价值不及麦秸和稻草。

图 3.21　田间生长的大豆

图 3.22　大豆的种子

图 3.23　豆粕

7. 菜籽粕

菜籽粕，又称菜籽饼，是油菜籽榨油后得到的副产品。油菜是重要的油料作物，在植物学分类上属十字花科。在我国南方地区广泛栽培，其种子叫油菜籽，含油量一般为30%～50%。不同类型的油菜含油量有一定的差异，平均含油量在40%左右。油菜是我国南方地区重要的油料作物。

油菜籽经机械压榨和预压浸出等工艺提取油分，同时前者得到的副产品叫菜籽饼，后者得到的副产品叫菜籽粕。菜籽粕蛋白质含量在40%左右，碳水化合物含量在15%左右，是一种常见的蛋白质饲料。但其营养价值不如豆粕(饼)。图3.24所示为菜籽粕。注意：菜籽粕(饼)含有硫葡萄糖苷类化合物，需要经过脱毒处理后方可饲用。

图3.24 菜籽粕

8. 棉粕(饼)

棉籽粕是棉花的种子，是棉籽榨油后的副产品。压榨取油后的称棉饼，预压榨浸提或直接浸提后的称棉籽粕。棉籽经脱壳后取油的副产品称为棉粕。一般棉粕中蛋白质和粗纤维的含量较高，也是人们在畜牧业生产中常用的饲料之一。棉粕中缺乏赖氨酸、钙及维生素A、D，其营养价值低于豆饼(粕)。由于棉饼中含有游离的棉酚毒素，使用时也应注意脱毒。图3.25所示为棉粕。

9. 紫花苜蓿

紫花苜蓿，又名紫苜蓿、苜蓿。植物分类上属于豆科、苜蓿属，为多年生草本植物。根粗壮，深入土层，根茎发达。茎直立、丛生以至平卧，四棱形，无毛或微被柔毛，枝叶茂盛。种子卵形，长1～2.5 mm，平滑，黄色或棕色。花期为5～7月，果期为6～8月。常生于田边、路旁、旷野、草原、河岸及沟谷等地。在欧亚大陆和世界各国广泛种植，为重要的饲料与牧草。紫花苜蓿茎叶柔嫩鲜美，可用于青饲、青贮、调制青干草、加工草粉、配合饲料或混合饲料。紫花苜蓿含有多种维生素、矿物质及其他营养素，其中含有类黄酮素、类胡萝卜素、酚型酸三种植物特有的营养素。各类畜禽都喜食，是养猪及养禽业首选青饲料。

图 3.25 棉粕

紫花苜蓿既可直接供牲畜食用，也可加工成干草贮存备用。图 3.26 是制成干草的紫花苜蓿，图 3.27 是生长中的紫花苜蓿。

图 3.26 紫花苜蓿干草

10. 葡萄糖

葡萄糖是自然界分布最广并且最为重要的一种单糖。化学式为$C_6H_{12}O_6$，相对分子质量为180。从化学本质上说，它是一种多羟基醛。纯净的葡萄糖为无色晶体，易溶于水。葡萄糖有甜味，但甜味不如蔗糖。

葡萄糖在生物学领域具有重要地位，是生物的主要供能物质，是活细胞的能量来源和新陈代谢中间产物。植物可通过光合作用产生葡萄糖。葡萄糖在糖果制造业和医疗卫生领域有着广泛应用，同时在饮料、饲料生产中也有重要的作用。如图3.28所示。

图3.27 生长中的紫花苜蓿

图3.28 葡萄糖

11. 蔗糖

蔗糖广泛分布于植物体内，特别是甜菜、甘蔗和水果中含量极高。蔗糖是植物储藏、积累和运输糖分的主要形式。平时食用的白糖、红糖都是蔗糖。蔗糖是白色有甜味的固体，分子式为 $C_{12}H_{22}O_{11}$，相对分子质量为 342，易溶于水。蔗糖较难溶于乙醇，甜味比葡萄糖甜，仅次于果糖，蔗糖是一种重要的甜味剂。蔗糖在饲料生产中有重要的用途。如图 3.29 所示。

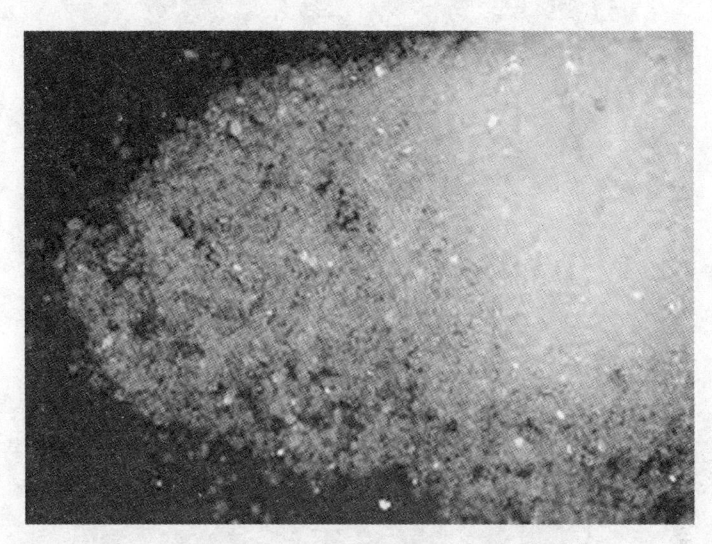

图 3.29　蔗糖

12. 鱼粉

鱼粉是以一种或多种鱼类为原料，经去油、脱水、粉碎加工等工艺后得到的饲料原料，是一种被广泛应用的高蛋白质饲料原料。其蛋白质含量可以高达 60%～65%，并且含有大量的维生素 A、D 及钙、磷等无机盐。在家畜饲料生产中，常用于猪、鸡等动物的饲料加工，这些饲料需要含有高质量的蛋白质，尤其是对幼龄的猪和鸡而言。因为幼龄动物处于生长旺盛期，对蛋白质的需求较大，并对蛋白质中氨基酸的占比要求较高。鱼粉作为动物蛋白，其中的氨基酸比例与动物所需的氨基酸最接近，容易被畜禽吸收。如图 3.30 所示。

13. 骨粉

骨粉是家畜、家禽的矿物质饲料，是来自制作动物源食品业的下脚料（哺乳动物组织和骨头，不包括皮毛，除非皮毛与头和蹄角粘连），经过炼油、干燥和粉碎后的产品。粗制骨粉和蒸骨粉含钙量分别约 23% 和 30%，含磷量分别约 10% 和 14.5%，可作家畜的矿物质饲料，质量较差者可作肥料。如图 3.31 所示。

图 3.30　鱼粉

图 3.31　骨粉

14. 石粉

石粉，是由石头加工而成。不同的石粉，成分有一定的差异，一般含钙量约38%。在养殖业生产中，石粉一般作为钙的补充料，是常见的矿物质饲料。如图 3.32 所示。

15. 贝壳粉

贝壳粉是贝壳加工粉碎后得到的粉末，其主要成分是碳酸钙，含钙量约40%。另外还含有少量氨基酸和多糖物质。可以用作食品、化妆品以及室内装修的高档材料，其广泛适用于畜禽饲料及食品钙源添加剂。在畜牧业生产中，贝壳粉常作为钙的补充饲料。如图 3.33 所示。

图 3.32　石粉

图 3.33　贝壳粉

16. 豌豆

豌豆，植物分类上属于豆科、豌豆属。为一年生攀援草本植物，高 0.5～2 m。全株绿色，光滑无毛，被粉霜。叶具小叶 4～6 片，托叶比小叶大，叶状，心形，下缘具细牙齿。小叶卵圆形，长 2～5 cm，宽 1～2.5 cm；荚果肿胀，长椭圆形，长 2.5～10 cm，宽 0.7～14 cm，顶端斜急尖，背部近于伸直，内侧有坚硬纸质的内皮；种子 2～10 颗，圆形，青绿色，有皱纹或无，干后变为黄色。花期 6～7

月,果期 7～9 月。豌豆作为作为人类食品和动物饲料,是世界第四大豆类作物。

干豌豆籽粒要注意与黄豆区分,两者颜色相似,但豌豆较接近圆形。如图 3.34、图 3.35 所示。

图 3.34 豌豆

图 3.35 成熟的豌豆

17. 马铃薯

马铃薯又称土豆、地蛋、洋芋等,植物分类上属于茄科、茄属植物。马铃薯的无氮浸出物较甘薯低,但其粗蛋白含量较高。马铃薯适于用作马、猪、牛的饲料,属于能量饲料,用作猪饲料宜煮熟后使用。如图 3.36 所示。

18. 胡萝卜、胡萝卜叶

胡萝卜,又称红萝卜或甘荀,伞形科、胡萝卜属,二年生草本植物。块根长圆锥形,粗肥,呈红色或黄色。基生叶薄膜质,长圆形,二至三回羽状全裂,末回裂片线形或披针形,长 2～15 mm,宽 0.5～4 mm,顶端尖锐,有小尖头,光滑或有糙硬毛;叶柄长 3～12 cm;茎生叶近无柄,有叶鞘,末回裂片小或细长。胡萝卜属于能量饲料,其茎叶富含粗纤维、多种维生素和矿物质元素。胡萝卜叶属青绿饲料,可作为动物的维生素补充饲料。如图 3.37 所示。

图 3.36 马铃薯

图 3.37 胡萝卜

19. 尿素

又称碳酰胺,是由碳、氮、氧、氢组成的有机化合物,又称脲,是一种白色晶体,是哺乳动物和某些鱼类体内蛋白质代谢分解的主要含氮终产物。

尿素也是目前含氮量最高的氮肥。作为一种中性肥料,尿素适用于各种土壤和植物。它易保存,使用方便,对土壤的破坏作用小,是目前使用量较大的一种化学氮肥。反刍动物可利用尿素等非蛋白氮合成菌体蛋白,代替部分蛋白质饲料以满足对蛋白质的需要。因此尿素归属蛋白质饲料。如图 3.38 所示。

20. 花生壳

花生壳为豆科植物落花生果实的果壳部分。花生壳中除含有大量的碳水化合物外,还含有多酚类和黄酮类物质、矿物质和微量元素,是牛、羊较好的粗饲料。如图3.39所示。

图3.38 尿素

图3.39 花生壳

21. 桑叶

桑叶是桑科植物桑的干燥叶,是蚕的日常食物。桑又名家桑、荆桑、桑葚树、黄桑叶等,我国南北各地广泛种植桑树,桑叶产量丰富。完整叶片呈卵形或宽卵形,长约15 cm,宽约10 cm,叶柄长约4 cm,叶片基部呈心脏形,顶端微尖,边缘有锯齿,叶脉密生白柔毛。老叶较厚,呈暗绿色;嫩叶较薄,呈黄绿色。质脆易,握之扎手。气淡,味微苦涩。如图3.40所示。

22. 青菜

青菜,中国东北称油菜,为一年生草本植物,芸薹属,颜色深绿,为茎、叶用蔬菜。性喜冷凉,抗寒力较强,中国和印度是世界上栽培青菜最古老的国家。中国栽培的青菜可分为白菜类型、芥菜类型、甘蓝类型三大类型。青菜中含多种营养素、胡萝卜素等多种维生素,且含有粗纤维,营养价值高。属于青绿饲料,可作为动物的维生素补充饲料。如图 3.41 所示。

图 3.40　桑叶(干)

图 3.41　青菜

23. 白萝卜叶

白萝卜叶中含有丰富的维生素 A、维生素 C 等各种维生素,特别是维生素 C 的含量是根茎的 4 倍以上,属青绿饲料。如图 3.42 所示

24. 饲料级硫酸铜

硫酸铜是畜禽重要微量元素类营养性饲料添加剂,饲料级硫酸铜包括五水硫酸铜和一水硫酸铜,是蓝绿色晶体。如图 3.43 所示。

图 3.42 白萝卜叶

图 3.43 饲料级硫酸铜

25. 多种维生素添加剂(兽用)

多种维生素添加剂(兽用)含维生素 A、维生素 D、维生素 E、维生素 K 和 B 族维生素等,为黄色粉末,有特殊香味,是畜禽维生素类营养性饲料添加剂。

三、实训材料

(1) 能量饲料:玉米、小麦、水稻、大麦、高粱、麦麸、米糠、葡萄糖、蔗糖、马铃薯、胡萝卜。

(2) 蛋白质饲料:大豆、豆粕、菜籽粕、棉粕、鱼粉、豌豆、尿素。

(3) 粗饲料:麦秸、稻草、紫花苜蓿干草、稻壳、豆秸、花生壳、桑叶(干)。

(4) 矿物质饲料:石粉、贝壳粉、食盐、骨粉。

(5) 青绿饲料:青菜、白萝卜、胡萝卜叶。

(6) 饲料添加剂:饲料硫酸铜、多种维生素添加剂(兽用)。

饲料样品及多媒体图片。

四、实训步骤及方法

1. 组题

将 34 种饲料原料样品随机分成若干组,每组 20 种饲料原料样品,同时对各组中的饲料原料样品进行 1～20 编号,例如:

第一组:水稻、鱼粉、胡萝卜、玉米、大豆、豌豆、菜籽粕、麦麸、麦秸、花生壳、稻草、石粉、食盐、白萝卜叶、饲料级硫酸铜、尿素、青菜、葡萄糖、蔗糖、骨粉。

第二组:小麦、多种维生素添加剂(兽用)、米糠、葡萄糖、豆粕、棉粕、鱼粉、稻草、豆秸、紫花苜蓿、稻壳、贝壳粉、食盐、骨粉、青菜、胡萝卜叶、白胡萝卜叶、大麦、豌豆、高粱。

第三组:玉米、马铃薯、小麦、饲料级硫酸铜、蔗糖、尿素、菜籽粕、棉粕、桑叶(干)、麦秸、石粉、食盐、骨粉、胡萝卜叶、水稻、多种维生素添加剂(兽用)、豆秸、紫花苜蓿干草。

第四组:玉米、大麦、高粱、多种维生素添加剂(兽用)、豆粕、尿素、棉粕、麦秸、豆秸、稻草、饲料级硫酸铜、豌豆、麦麸、花生壳、白萝卜叶、青菜、骨粉、米糠、麦麸、鱼粉。

2. 抽题

学生从题组中随机抽取 1 组饲料原料样品作为技能测试题。

3. 答题

学生根据所抽题目通过眼看、手摸、鼻闻、嘴尝等方法对饲料原料进行识别,并在答题纸上写出与编号对应的饲料原料的名称和类别。

4. 对易混淆的原料鉴别

(1) 水稻和大麦:水稻的皮较粗糙,去皮后是白色大米;大麦皮较光滑,剥皮后呈棕色。

(2) 麦麸和米糠:麦麸松软;米糠手感粗糙,有硬壳。

(3) 豆粕、棉粕、菜粕、鱼粉:豆粕呈黄色,口感清香;菜籽粕呈暗褐色,有辛辣味;鱼粉有鱼腥味。

(4) 蔗糖、葡萄糖、贝壳粉和食盐:蔗糖为晶体;葡萄糖为粉末状;贝壳粉手摸滑爽;食盐有咸味。

(5) 麦秸和稻草:麦秸是小麦的秸秆,手感滑软;稻草是水稻的秸秆,手感粗硬。

(6) 黄豆和豌豆:均为黄色,但豌豆也有为绿色的,外形较圆。

五、实训作业

组织学生深入鸡场、猪场、牛场饲料厂,调查当地畜禽饲料名称、来源特性及使用情况,分析饲料搭配存在的问题,提出改进办法,并写出调查报告。

附 3.5 安徽省 2017 年对口招生考试技能测试项目——“饲料原料的识别”评分标准

表 3.6

评分要点	评分标准	分值	得分
识别 20 种饲料名称和类别	4 分/个,识别名称正确,每个得 4 分;识别错误不得分	80	
	3.5 分/个,识别类别正确,每个得 3.5 分;识别错误不得分	70	

说明:本测试分值为 150 分,测试时间 40 min。

实训五 动物体温的测定①

一、实训目的

(1) 掌握动物体温的测定方法。

(2) 了解健康动物的体温状况。

(3) 了解影响体温的因素。

二、实训原理

(1) 生理学上的体温系指机体深部的平均温度,正常体温是机体新陈代谢及内环境理化性质相对稳定的必要条件,同时也是反映机体机能状态的客观指标之一。

(2) 畜禽的体温测定一般指的是家畜家禽的直肠测温。

(3) 畜禽的正常体温范围如表 3.7 所示。

表 3.7 畜禽的正常体温范围

畜 别	体 温/℃
黄牛	37.5~39.0
水牛	37.5~39.5
兔	38.5~40.0
山羊	37.5~40.0
猪	38.5~39.8
狗	37.5~39.5
猫	38.0~39.5
鸡	40.0~43.0

① 对口招生考试技能测试项目。

(4) 体温的波动：

① 昼夜的波动。正常情况下，动物的体温在清晨2～3时最低，午后4时最高，一天温差最高可达1℃。

② 年龄。幼龄家畜代谢旺盛，体温比成年略高，但容易受外界环境温度的变化影响而发生波动。

③ 性别。雌性动物随着体内性激素的周期性变化而发生波动，发情时体温略高，排卵时略低，排卵后略高。

④ 运动与劳役。在剧烈运动与劳役时，体温可升高1～2℃，所以在测体温前要使家畜安静一段时间。

⑤ 季节变化。炎热的夏季体温升高，严寒的冬季体温偏低。

⑥ 其他因素的影响。环境喧闹、情绪激动、精神紧张、处于饥饿状态、进行采食活动、服用药物等皆可引起动物体温的波动。

三、实训器材与材料

(1) 实验家畜、家禽。

(2) 体温计、保定器材、隔离衣、75%酒精棉球、润滑油、生理盐水、肥皂、毛巾。

四、实训步骤及方法

1. 准备工作

(1) 检查实训器材是否完备，对家畜、家禽进行保定。

(2) 体温计的加工制作。

体温计的末端要系一根耐拉力较强的细绳，并在绳子的一端系个小夹子，以便体温计插入动物直肠后把夹子夹在动物尾根部的前端，起到固定体温计的作用，以免被甩掉。如图3.44所示。

(3) 测试者穿好隔离衣。

2. 体温测定

(1) 将体温计的水银柱甩到35℃以下，对体温计进行彻底消毒，并在体温计上均匀涂抹润滑油。

(2) 将需要测定体温的动物保定好，然后，测试者于动物左侧后方，轻轻提起动物的尾部，将体温计旋转插入动物的直肠。

(3) 3～5 min后取出，擦干净后进行读数并做记录。

几种动物体温测定参考图如图 3.45、图 3.46、图 3.47 所示。

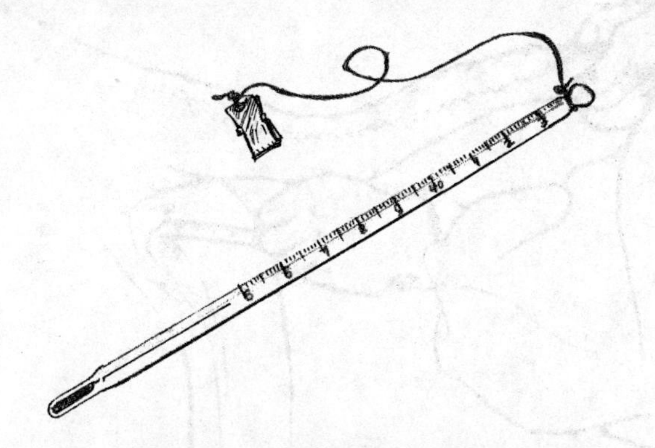

图 3.44 兽用体温计的加工制作

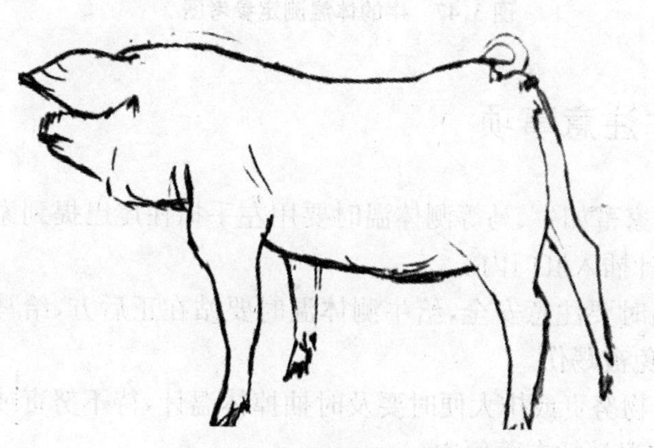

图 3.45 猪体温的测定参考图

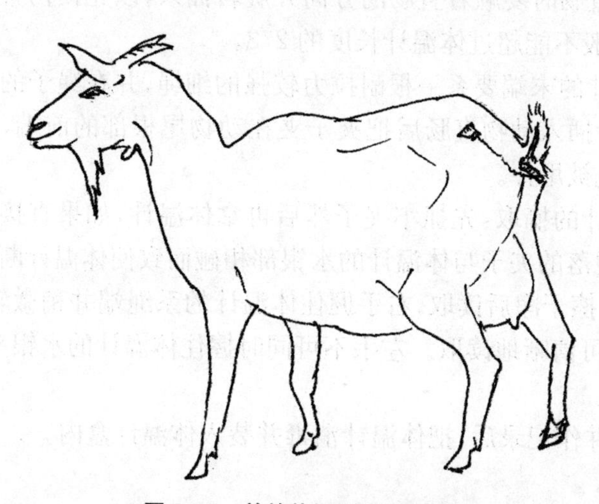

图 3.46 羊的体温测定参考图

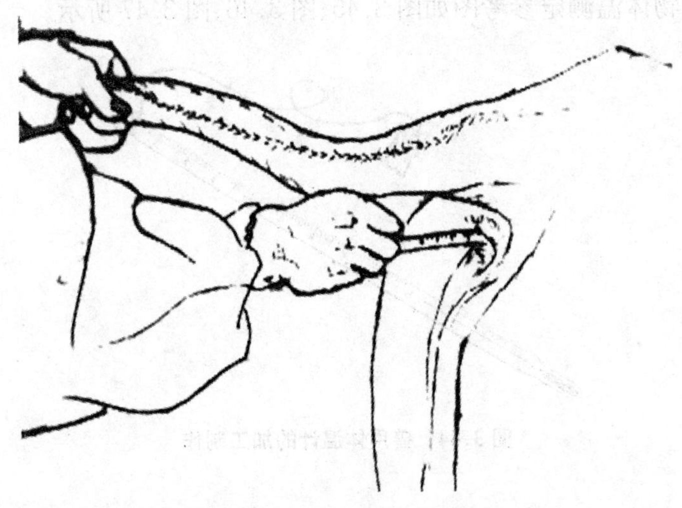

图 3.47 牛的体温测定参考图

五、操作注意事项

(1) 给大型家畜如牛、马等测体温时要用左手抓住尾巴提到家畜臀部的一侧,以方便体温计插入肛门内。

(2) 测体温时要注意安全,给牛测体温时要站在正后方,给马测体温时站在马的左侧,以免被踢伤。

(3) 如遇动物努责或排大便时要及时抽掉体温计,待不努责或排完大便时再测。不要将体温计插在蓄便内。

(4) 插入直肠时要顺着直肠的方向并旋转插入,以免损伤直肠内壁。插入直肠的部分一般不能超过体温计长度的 2/3。

(5) 体温计的末端要系一根耐拉力较强的细绳,并在绳子的一端系个小夹子,以便体温计插入动物直肠后把夹子夹在动物尾根部的前端,起到固定体温计的作用,以免被甩掉。

(6) 体温计的摘取:先抓牢夹子然后再拿体温计,如果直接抓住体温计拔出,则容易使脱落的夹子与体温计的水银部相碰而致使体温计断裂。

(7) 读数:擦干净后读取,右手握住体温计的系绳端并稍微转动,待水银柱由细转宽时则可清晰地读取。左手不可同时握住体温计的水银头部,以免所测体温数不准确。

(8) 读数并作记录后,把体温计消毒并装入体温计盒内。

六、实训器材清洗、归位

实训结束后,用肥皂洗手,并清洗干净所用器材后恢复至操作前位置。

七、填写实训操作报告(略)

附3.6 安徽省2017年对口招生考试技能测试项目——"猪体温测定"评分标准

<table>
<tr><th>序号</th><th>测试内容</th><th>分值</th><th>评分标准</th></tr>
<tr><td>1</td><td>准备工作</td><td>15</td><td>实操物品齐全得5分,动物保定正确得10分</td></tr>
<tr><td rowspan="4">2</td><td rowspan="4">体温测定</td><td rowspan="4">40</td><td>将水银柱甩到35℃以下得8分</td></tr>
<tr><td>将体温表擦拭消毒并涂以润滑油得8分</td></tr>
<tr><td>于动物左侧后方,轻提尾根并推向对侧得8分</td></tr>
<tr><td>体温表经肛门轻轻捻转插入直肠(不宜超过体温计长度的2/3)得8分;3~5 min后取出,擦干计数得8分</td></tr>
<tr><td>3</td><td>用具清洗归位</td><td>5</td><td>任务完成后,用具清洗归位得5分</td></tr>
</table>

实训六 牛前、后肢骨骼和关节识别

一、实训目的

(1) 通过对四肢骨的形态、位置与结构特征的观察掌握牛四肢骨组成、形态、位置和结构特征。

(2) 正确识别各种骨骼和关节。

(3) 识别骨的类型。

二、预备知识

(一) 牛的全身骨骼

牛全身骨骼如图 3.48 所示。

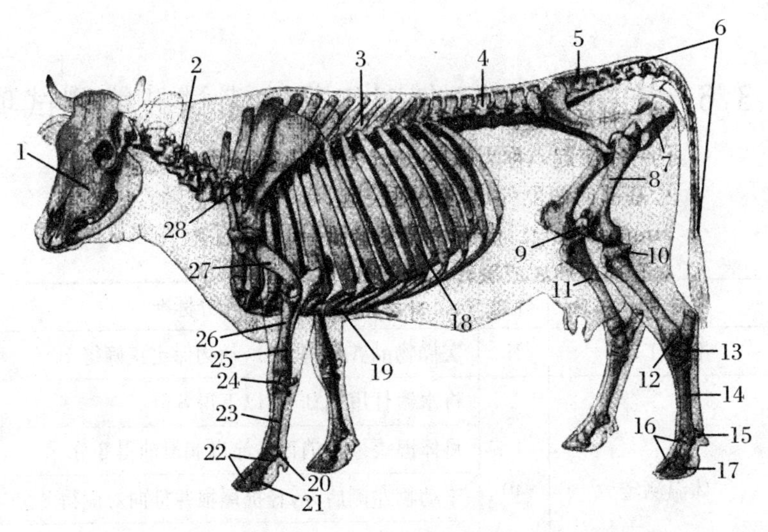

1. 头骨　2. 颈椎　3. 胸椎　4. 腰椎　5. 荐椎　6. 尾椎　7. 坐骨　8. 股骨　9. 髌骨　10. 腓骨头　11. 胫骨　12. 踝骨　13. 跗骨　14. 跖骨　15. 后肢近籽骨　16. 趾骨　17. 后肢远籽骨　18. 肋　19. 胸骨　20. 前肢近籽骨　21. 前肢远籽骨　22. 指骨　23. 掌骨　24. 腕骨　25. 尺骨　26. 桡骨　27. 肱骨　28. 肩胛骨

图 3.48　牛全身骨骼

(二) 牛前、后肢骨骼和关节识别要点

1. 牛前肢骨骼的识别

牛前肢骨骼包括肩胛骨、肱骨、前臂骨、腕骨、掌骨、指骨等。关节包括肩关节、肘关节、腕关节、指关节等。

(1) 肩胛骨的识别。肩胛骨的类型属于扁骨,呈三角形,斜位于胸廓两侧的前上部,呈后上方前下方走向。其背缘附有肩胛软骨。外侧面有肩胛冈,是一条纵行隆起。冈的下端有向下方伸出一突起的肩峰。冈的前上方、后下方分别为冈上窝和冈下窝。肩胛骨的远端较为粗大,有一称为肩臼的关节窝,与臂骨头(即肱骨)成肩关节。

(2) 臂骨的识别。臂骨又称肱骨,类型为长骨,斜位于胸部两侧的前下部,呈前上方后下方走向。近端粗大,外侧隆起成很发达的大结节,近端的前方有臂二头肌沟,后方的臂骨头与肩臼成关节。臂骨远端有一深的又称鹰嘴窝的肘窝。

(3) 前臂骨的识别。前臂骨由桡骨和尺骨组成,属于长骨。前臂骨近端与臂骨(即肱骨)远端成肘关节。尺骨位于后外侧,近端发达,有一向后上方突出成称为鹰嘴的肘突。成年牛的尺骨骨干与桡骨愈合在一起。

(4) 腕骨的识别。腕骨是位于前臂骨和掌骨之间的排成上下两列的短骨。与前臂骨的远端和大掌骨的近端构成腕关节。

(5) 掌骨的识别。掌骨属于长骨,近端接腕骨,远端接指骨,牛有三块掌骨,第 3 块和第 4 块掌骨发达,近端两骨体愈合在一起,称大掌骨。

(6) 指骨的识别。牛有 4 指,即 2、3、4、5 指。其中第 3 指和第 4 指发达,称主指。每指有 3 节,每指各有一对近籽骨和一块远籽骨。

2. 牛前肢关节的识别

牛前肢骨骼除肩胛骨与躯干骨不形成关节外,其余各骨骼间均形成关节,由上到下依次为:肩关节、肘关节、腕关节、指关节。

(1) 肩关节的识别。肩关节为多轴关节,由肩胛骨远端的肩臼和臂骨(即肱骨)构成,关节角顶向前,主要进行屈伸运动。

(2) 肘关节的识别。肘关节为单轴关节,由臂骨远端和前臂骨近端的关节面构成,关节角顶向后,由于关节后有尺鹰嘴,所以关节顶尤显突出。

(3) 腕关节的识别。腕关节为单轴关节,由桡骨远端、腕骨及掌骨近端构成,关节角向前,韧带多,只作屈伸运动。

(4) 指关节的识别。指关节由指骨及指骨和掌骨构成,只作屈伸运动。

牛的前肢骨骼及关节见图 3.49、图 3.50。

3. 牛的后肢骨骼的识别

牛后肢骨骼包括髋骨(髂骨、坐骨、耻骨)、股骨、膝盖骨、小腿骨、跗骨、跖骨、趾骨。

(1) 髋骨的识别。髋骨是体内最大的扁骨,由背侧的髂骨和腹侧的坐骨、耻骨联合而成,三骨愈合处形成深的杯状称为髋臼的关节窝,与股骨头近端构成髋关节。

① 髂骨。髂骨位于髋骨的前上方,前部呈宽而扁的三角形状,称髂骨翼。髂骨翼的外侧角粗大,称髋结节;内侧角称荐结节。

② 坐骨。位于后下方,构成骨盆底壁的后部。外侧部参与髋臼的形成。

③ 耻骨。耻骨位于前下方,比较小,构成骨盆底的前部,并构成闭孔的前缘。骨盆由左右髋骨、荐骨、坐骨、耻骨和前 3～4 个尾椎及两侧的荐结节阔韧带构成。

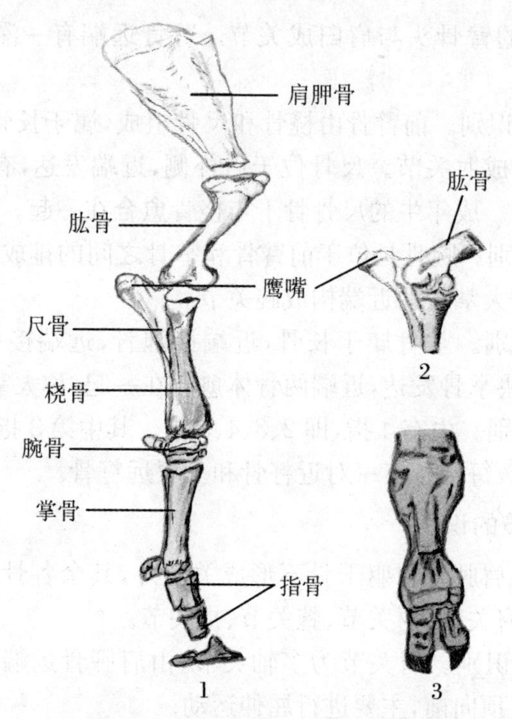

1. 内侧观 2. 肘关节 3. 腕关节及指关节

图 3.49 牛的前肢骨骼及关节(1)

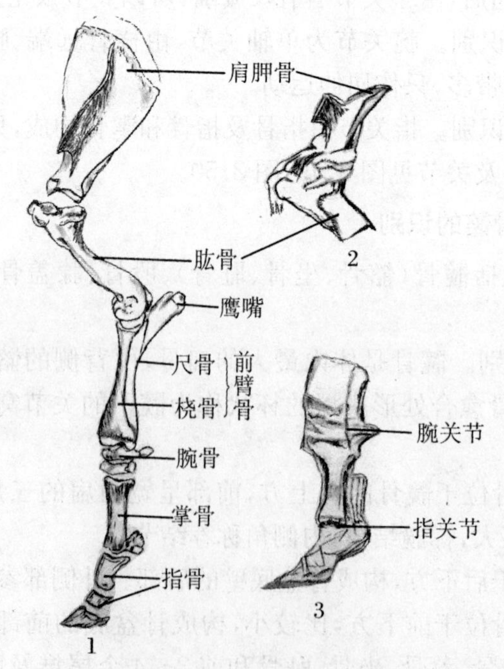

1. 前肢骨骼(外侧观) 2. 肩关节 3. 腕关节、指关节

图 3.50 牛的前肢骨骼及关节(2)

（2）股骨的识别。股骨的类型为长骨，近端内侧有球形股骨头，头上有供圆韧带附着的头凹。外侧有粗大的大转子。骨干较细，呈圆柱形。远端粗大，前方为滑车（即关节面），后方为内、外侧髁。

（3）髌骨的识别。又称膝盖骨，位于股骨远端的前方，与滑车成膝关节。

（4）小腿骨的识别。小腿骨包由内侧的胫骨和外侧的腓骨组成。胫骨是一个呈三面棱柱状的发达的长骨。腓骨位于胫骨外侧，与胫骨间形成小腿骨间隙。牛腓骨已退化，近端与胫骨愈合为一向下的小突起，远端与胫骨远端外侧成关节。

（5）跗骨的识别。牛的跗骨为 5 块，分 3 列排，近列有 2 块。内侧的称距骨（牛），外侧的为跟骨（牛）。中间列 1 块，即中央跗骨和第 4 跗骨的愈合体。远列 2 块，由内向外排列为第 1 跗骨和愈合的第 2、第 3 跗骨。

（6）跖骨的识别：

与前肢骨相似，跖骨有 3 块。第 3 和第 4 跖骨愈合成大跖骨，第 2 跖骨为小跖骨。大跖骨比大掌骨稍长，骨体两侧压扁，故呈明显的 4 个面。近端跖骨内侧有小关节面与小跖骨成关节。小跖骨呈盘状四边形。

（7）趾骨。趾骨分别与前肢的指骨对应。

4. 牛的后肢关节的识别

牛的后肢关节由上到下依次是荐髂关节、髋关节、膝关节、跗关节、趾关节。

（1）荐髂关节的识别。荐髂关节由荐骨翼与髂骨翼的耳状关节面构成。荐髂关节属盆带连接，关节面不平整，周围有关节囊，并有短而强的荐髂腹侧韧带和荐髂骨间韧带加固，因此关节几乎不动。

（2）髋关节的识别。髋关节是髋臼和股骨头构成的多轴单关节。髋臼的边缘以纤维软骨环形成关节盂缘，在髋臼切迹处有髋臼横韧带。关节囊松大，外侧厚，内侧薄。经髋臼切迹至股骨头凹间有短而粗大的股骨头韧带，又称为圆韧带，可限制后肢外展。髋关节能进行多方面运动，但主要是屈伸运动，并可伴有轻微的内收、外展和旋内、旋外运动。

（3）膝关节的识别。膝关节是由股髌关节、股胫关节和胫腓关节组成的单轴复关节。

（4）跗关节的识别。跗关节是由小腿骨远端、跗骨以及跖骨构成的单轴关节。

（5）趾关节的识别。趾关节位于后肢末端。趾关节和前肢的指关节构造相似。趾关节是由跖骨与趾骨、趾骨与趾骨构成的单轴关节。

后肢各关节与前肢各关节相对应，除荐髂关节（不动关节）、趾（指）关节外，各关节角方向相反，这种结构特点有利于家畜站立时姿势保持稳定。除髋关节外，各关节均有侧副韧带，故为单轴关节，主要进行屈、伸运动。

牛的后肢骨骼如图 3.51 所示。

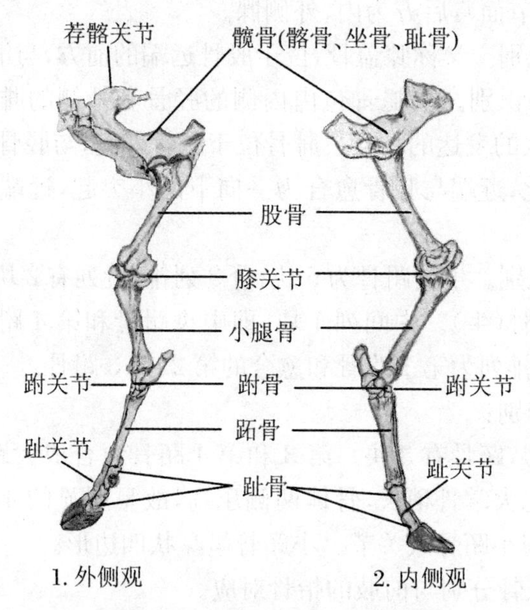

图 3.51　牛的后肢骨骼及关节

三、实训仪器与材料

(1) 牛前、后肢完整的骨骼标本或挂图(要求标本或挂图中必须含有以下16个骨骼和9个关节)。

前肢骨骼：肩胛骨、肱骨、前臂骨、腕骨、掌骨、指骨。

后肢骨骼：髋骨(髂骨、坐骨、耻骨)、股骨、膝盖骨、小腿骨、跗骨、跖骨、趾骨。

前肢关节：肩关节、肘关节、腕关节、指关节。

后肢关节：荐髂关节、髋关节、膝关节、跗关节、趾关节。

(2) 标本或挂图中的骨骼和关节要预先编号。

四、实训步骤及方法

1. 组题

在25个骨骼与关节中随机抽取 15 个组成一组，其中每组含有 10 块骨骼和5个关节。例如：

第一组：肩胛骨、前臂骨、跖骨、股骨、髋骨、掌骨、髂骨、膝盖骨、指骨、跗骨、肘关节、膝关节、指关节、髋关节、腕关节。

第二组：小腿骨、膝盖骨、股骨、髋骨、肱骨、腕骨、前臂骨、坐骨、掌骨、趾骨、肩关节、腕关节、荐髂关节、髋关节、跗关节。

……

实训过程中可结合班级人数设定实训材料的组数，并编好序号。

2. 学生抽取试题

每位学生随机抽取一组作为实训练习题。

3. 完成答题

学生根据抽取的题目，对照标本或挂图中的骨骼或关节的编号进行答题练习，要求把考题中的骨骼、关节与标本中的编号相对应。例如：胧骨-5——肩胛骨——6；等等。同时还必须识别骨的类型例如：肩胛骨——扁骨。

4. 讲评

教师根据学生答题情况进行讲评，反复训练。

附 3.7　安徽省 2017 年对口招生考试技能测试项目——"牛前、后肢骨骼及关节的识别"评分标准

评分要点	评分依据	分值	得分
识别 10 块骨骼和 5 个关节	4 分/个，识别正确，每个得 4 分；识别错误不得分	60	
识别 10 块骨骼的类型	4 分/个，识别正确，每个得 4 分；识别错误不得分	40	

说明：本测试分值 100 分，测试时间 30 min。

参 考 文 献

[1] 胡美玲.化学:九年级[M].北京:人民教育出版社,2006.
[2] 人民教育出版社化学室.化学:基础版[M].北京:人民教育出版社,2001.
[3] 熊言林.化学教学论实验[M].合肥:安徽大学出版社,2004.
[4] 张德永,于运联.中学生物学实验大全[M].上海:上海教育出版社,1994.
[5] 王英典,刘宁.植物生物学实验指导[M].北京:高等教育出版社,2011.
[6] 杨汉民.细胞生物学实验[M].2版.北京:高等教育出版社,1997.
[7] 张志良.植物生理学实验指导[M].北京:高等教育出版社,1990.
[8] 刘凌云,郑光美.普通动物学实验指导[M].2版.北京:高等教育出版社,1998.
[9] 李诚涛.医学生物学基础[M].2版.北京:高等教育出版社,2011.
[10] 人民教育出版社生物室.生物学[M].北京:人民教育出版社,2010.
[11] 韩锦峰,董钻.作物生物化学[M].北京:中国农业出版社,1995.
[12] 王会香,孟婷.畜禽解剖生理[M].3版.北京:高等教育出版社,2009.
[13] 安立龙.家畜环境卫生学[M].北京:高等教育出版社,2004.
[14] 肖启明,欧阳河.植物保护技术[M].2版.北京:高等教育出版社,2014.
[15] 中国农业科学院植物保护研究所.中国农作物病虫害[M].2版.北京:中国农业出版社,1996.
[16] 徐州农业学校.兽医微生物学[M].北京:中国农业出版社,1992.
[17] 朱俊平.畜禽疫病防治[M].北京:高等教育出版社,2009.
[18] 安徽省教育科学研究院.2016年安徽省高等学校对口招收中等职业学校毕业生考试纲要[M].合肥:安徽大学出版社,2015.
[19] 韩世栋.蔬菜嫁接百问百答[M].北京:中国农业出版社,2014.
[20] 朱必翔.农作物病虫草害防治技术问答[M].合肥:安徽科学技术出版社,2011.
[21] 张瑞蝗.蔬菜园艺工[M].北京:中国劳动与社会保障出版社,2010.

[22] 中华人民共和国农业部.中华人民共和国农业行业标准:禽霍乱(禽巴氏杆菌病)诊断技术[S].北京:中国标准出版社,2002.
[23] 徐百万.动物疫病防治员[M].北京:中国农业出版社,2016.
[24] 王新燕.种子质量检测技术[M].北京:中国农业大学出版社,2008.